JN240009

慶應義塾大学大学院 教授
中野 冠 Masaru Nakano［監修］
空飛ぶクルマ研究ラボ［著］

空飛ぶクルマのしくみ

技術×サービスのシステムデザインが導く移動革命

日刊工業新聞社

まえがき

空飛ぶクルマが話題になっています

最近、テレビ放送や雑誌の特集記事、講演会などで、空飛ぶクルマを取り上げることが増えました。インターネットを使って検索すれば、海外の開発事例のニュースが数多く出てきます。2018年7月、菅義偉内閣官房長官が記者会見で、空飛ぶクルマの2020年代の実現に向けて「ロードマップを作るために官民協議会を開催する」と話すのを聞いた人は「国が言っているのだから、もうすぐ実現するのだろう」と思った人も多いでしょう。それは「新しい交通システム手段の誕生」です。自分も乗ってみたいとわくわくするのは当然でしょう。

実際、2018年11月、慶應義塾大学大学院システムデザイン・マネジメント研究科附属システムデザイン・マネジメント研究所空飛ぶクルマ研究ラボ（以下、空飛ぶクルマ研究ラボ）がJAXA（国立研究開発法人宇宙航空研究開発機構）主導の「航空機電動化（ECLAIR）コンソーシアム」と共催したシンポジウムでは、約600人の観衆が聴講しました。2019年6月にUber（ウーバー）社がアメリカ・ワシントンで行った会議には、日本から産官学を含め30名以上の日本人が参加しました。

このように話題が先行するなか、「技術的に実現しそうなのか？」「ドローンとは技術的に何が違うのか？」「私たちの生活はどう変わるのか？」など、疑問を持っておられる読者も多いに違いありません。

皆さんが雑誌やインターネットを通して得られる情報は、コンセプトレベルや飛行実験を行ったというニュースが多く、世の中のトレンドを知るにはよいでしょう。しかし、技術的な解説を望む方は不十分だと思っているに違いありません。空飛ぶクルマは、まだ世の中に普及していないため用途も明らかでなく、機体技術すら開発途上です。本書はビジネス書とはいえ技術解説を書くのは難しいことです。現在の知見が陳腐化したり、当然と考えられていることが将来誤りであるとわかったりする可能性は大いにあります。その中で本書は、あえて現在わかっている技術を中心に、空飛ぶクルマ研究ラボで得た知見を交えて勇気を持って紹介しようとするものです。

空飛ぶクルマは本当に実現するの？

「空飛ぶクルマは、本当に実現するの？」と疑問を持たれている方も多いでしょう。実際、2017年ごろは、私たちも周囲から「(実現しそうもない) 楽しそうな研究をしていていいね」と笑われたものでした。しかし、ドローンが簡単に操縦できることが知られてくると、「ドローンに人を乗せれば、すぐにもできそうだ」と言われるようになってきました。一方、「自動運転もまだなのに、空飛ぶクルマなんて、もっと先でしょ？」と言う方もいます。一般道には人や自転車など、事前に認識されていない物体があふれていますが、実は、空は法令などによって事前に飛行物体を登録させておくことができます。このため、衝突しないように自動化させることは地上の自動車の自動運転より難しいとは言えません。あるいは、三菱航空機が三菱スペースジェット（旧名：三菱リージョナルジェット、MRJ）のビジネス開始を頻繁に遅らせている現状を鑑みて、実際に事業展開できるのは遠い先だと考えられている方も多いと思います。現在の飛行機の技術が過去の世界大戦で飛躍的に進歩したように、軍事技術にも近いドローンや空飛ぶクルマの技術的進歩は間違いないという見方もできます。しかし、沖縄のオスプレイのことを考えれば、一般の人々が受け入れるかどうか、すなわち社会受容性が実現のカギかもしれません。

本当はどうなのでしょうか？　それを考えるには、機体技術、安全に関わる法律など個別の問題を深く知っても解き明かすことは難しいと思います。空飛ぶクルマ本体だけでなく、それを取り巻くステークホルダーなどビジネス環境を含めて、全体を「システム」として検討することが必要です。

空飛ぶクルマという新しいイノベーション

企業の中では、以前と比べて社内でイノベーションが起きないと危惧する見方があります。2018年、経済産業省（以下、経産省）と国土交通省（以下、国交省）が合同で開催した「空の移動革命に向けた官民協議会（以下、官民協議会）」開催以降、新しい産業セクションを生み出す可能性を秘めたイノベーションとして空飛ぶクルマに関心が高まっているようです。我々がお会いした企業の方々の話から推測すると、国内だけでも数百の企業が空飛ぶクルマの社内調査プロジェクトを進めていて、競合企業がこの業界に参入を表明したら、自分たちもすぐ参入できるよう準備していると考えられます。多くのB2B企業が、自分たちが強みを持つ要素技術や部品を、機体メーカーやB2Cメーカーに買ってもらうチャンスを伺っているようです。しかし、機体の開発状況を国内で公表しているのは、CARTIVATORという有志連合だけで、UberやAirbus（エアバス）社のような大企業が参加を表明している海外とは、大きな差があります。国内企業の経営会議では、「わが社で本当に利益が上がるのか？」「競合他社はどうしているのか？」という議論に終始すると聞きます。現在、世界では急速に参入企業が増えているなかで、ビジネスの意思決定が海外企業と比べて遅いと言われる日本企業にチャンスはあるのでしょうか？

この本を出す理由の一つは、自前主義で要素だけを見るのではなく、空飛ぶクルマを実現するための全体デザイン、すなわち「システムデザイン」を考えながら、それぞれの会社独自のアイデアを自ら創っていただきたいと思うからです。

空飛ぶクルマとシステムデザイン

これまで空飛ぶクルマのビジネスを考えるうえで、システムデザインが重要であると述べてきました。システムは要素から構成され、それらの要素が合わさって初めてシステムとしての機能を発揮します。空飛ぶクルマがシステムとして機能を発揮するためには、機体要素だけでなく、安全に関する法律、運航管理や離着陸場などのインフラ、保険や空飛ぶタクシーなどのビジネスの要素が揃わなければいけません。本書では、全体のシステムを考慮したうえで、それぞれの構成要素を説明することによって、空飛ぶクルマのシステムを包括的に理解していただくことを目的としています。空飛ぶクルマ研究ラボは、包括的なシステムデザイン、社会・経済・技術アプローチ、多原理アプローチ、持続可能なシステムアプローチを駆使して空飛ぶクルマに取り組んでいます。

空飛ぶクルマと持続可能性社会形成

この本を書店で見つけて、SF映画にあるような「道路を走る車が空も飛ぶ」

ことに関心を持った方も多いでしょう。一方、裕福な人が自分の頭上を飛んでいるせいで騒音が大きく、また落ちてきたら怖くて嫌だと思う人もいるでしょう。私の良く知るイギリスやドイツの先生は、欧州では「空から私生活を覗かれるのをとても嫌う」と言っています。これは、海外での開発が主として大都市の渋滞を避けるための空飛ぶタクシーを目的にしており、そのイメージで賛成できないと思っておられる方が多いのではないかと思います。

これに対して、日本では当面、少子高齢化に伴う地方の衰退を解決するための手段、すなわち「持続可能な社会形成のためのツール」という使い方が考えられます。本書で詳しく紹介しますが、僻地への医師派遣、救命救急医療、地方企業の交通手段、離島交通、災害救助などです。この観点から空飛ぶクルマの利用を考えるためには、社会を持続可能とするために、現在どのような課題があるのか分析を行い、空飛ぶクルマを一つのツールとして、将来の望まれるゴールを達成するシナリオを提示する必要があります。

本書の読者像

本書の読者は幅広い層を想定しています。本書はビジネス書ですので、空飛ぶクルマ開発や部品納入に関心がある企業、観光業者・タクシー業者・ヘリコプター運航業者・通信機器業者などの関連企業、地方公共団体・自動車会社・鉄道会社など、例えばMaaS（Mobility as a Service）のような新しいモビリティサービスに関係する方々、コンサルタントやベンチャーキャピタル、都市開発業者、メディア関係者などを読者として想定しています。工学・ビジネス・システムデザインの研究者に対して、技術的・ビジネス的・システム的な気づきが得られるように記述しています。さらに、航空工学、システム工学、システムデザイン、ビジネススクールで学んでいる大学生・大学院生も読者として想定し、機体設計や運航管理の研究者が丁寧に説明しています。空飛ぶクルマやドローンに興味がある一般の方々も想定し、「なぜ車ではなくクルマなのか」と疑問に思われる初心者の方にも楽しく読んでもらえるよう、平易に記述することに努めました。

本書の構成

本書は5章構成で、空飛ぶクルマ研究ラボのメンバー4名が分担して執筆しています。第1章では「空飛ぶクルマの定義」「空飛ぶクルマのシステムデザインとは何か？」について解説しています。国内外の開発動向など他の著作にもあるもの、今後状況が変わっていくものはできるだけ割愛して、本書のコンセプトを伝えることに集中します。

第2章では、空飛ぶクルマの用途を紹介します。それぞれの用途から、機体や社会インフラに対する要求仕様を導き出します。「どのぐらいの飛行距離を、どのぐらいのスピードで、どのぐらいの高さを何人乗せて飛ぶことが期待されているのか？」「夜に飛ぶ必要があるのか？」「地上も走れば、どんなメリットがあるのか？」など、第3章以降の議論に必要な要求仕様が議論されます。海外で主に検討されている大都市の渋滞対策だけでなく、日本の持続可能な社会形成のための用途も紹介します。多くのステークホルダーにインタビューを行い、データを収集・分析して要求仕様を提案している研究者が執筆しています。機体開発や運航ビジネスをしようとしている企業だけでなく、地方公共団体の職員など持続可能な社会形成に関心のある読者にも有益な章と考えます。

第3章では、機体設計と重要な要素技術について解説します。現在、世の中は技術開発の途上であり、まだ正解はわかっていません。従って、機体構造・バッテリー・制御・安全性・騒音問題などの項目について、何が課題でどのような対策が考えられつつあるのかについて解説します。この章を担当するのは、日本の空飛ぶクルマ機体開発のパイオニアと言えるエンジニアです。高校生や大学生にも興味を持ってもらえるよう、平易に解説しています。

第4章では、運航管理・通信・離着陸場・保険などインフラについて解説しています。このインフラ部分は、日本で参入を考えている企業が一番多いところですが、幅広い話題がありますので、我々の研究ラボですべて研究しているわけではありません。そこで、重要な項目と我々が考える項目を選択して執筆しています。

第5章は、第1章から第4章までのまとめの章です。これまでの内容を受けて、実現に向けて超えるべきハードルをまとめます。用途、機体技術、インフラの制約を総合したシステムデザインの考えが改めて説明されます。また、認証や標準化など第1章から第4章で、まだ記述されていない重要な点についても紹介します。コラムとインタビューは、研究ラボに所属するジャーナリストが各界の著名人にインタビューしており、読みごたえのあるものになっています。

空飛ぶクルマは、まだ本格的には実現されておらず、技術開発の途上にあります。したがって、本書の内容は将来誤りが見つかる可能性があります。また、本書の内容については、国内外の多くの方々と議論をしたつもりですが、もし理解不足の点があればすべて監修者である私の責に帰するものです。なお、2019年現在、日本では空を飛ぶタクシーのことを「エアタクシー」と呼んでいます。しかし、航空関係者にとって「エアタクシー」はヘリコプターで移動する意味ともなるため、本書では混乱を避けて「空飛ぶタクシー」と表現します。

この本を読まれた方々が、空飛ぶクルマの面白さと実現可能性を理解して、これからの日本の空の移動革命を支えてくれることを願っています。

監修　中野　冠

CONTENTS

まえがき ……… 1

第1章
空飛ぶクルマのコンセプト
1

1-1　「空飛ぶクルマ」とは何か? ……… 12
1-2　空飛ぶクルマの歴史 ……… 16
1-3　ドミナントデザイン ……… 19
1-4　システムデザイン ……… 21
1-5　空飛ぶクルマのシステムデザイン ……… 25
1-6　社会・技術システムアプローチ ……… 28
1-7　持続可能な社会形成のための空飛ぶクルマ ……… 30

コラム　若手官僚が空の移動革命の議論をリードする ……… 33

第2章
輸送サービス
2

2-1　都市における空飛ぶタクシー ……… 38
2-2　災害救助 ……… 41

2-3 過疎地の交通手段 …… 43
2-4 救命救急医療の新たな交通手段 …… 46
2-5 地域医師派遣 …… 51
2-6 ビジネス用途の地方都市間交通 …… 53
2-7 観光・レジャービジネスのツール …… 56
2-8 離島交通 …… 59

インタビュー 救命救急医療における空飛ぶクルマへの期待 …… 62

第3章 機体と要素技術

3

3-1 空飛ぶクルマの種類 …… 66
3-2 マルチコプタータイプの構造 …… 68
3-3 固定翼付きタイプの構造 …… 70
3-4 電動化が進む背景 …… 72
3-5 バッテリー …… 74
3-6 モーター …… 76
3-7 分散電動推進 …… 78
3-8 ハイブリッド動力システム …… 80
3-9 軽量化 …… 82
3-10 姿勢制御 …… 84
3-11 センサー …… 86
3-12 操縦系 …… 88
3-13 安全性 …… 90
3-14 騒音・吹き下ろし …… 92
3-15 自動操縦 …… 94

コラム　CARTIVATOR／SkyDriveの挑戦 …… 96

第4章
インフラ構築

4

4-1　空の交通システム …… 98
4-2　現在のドローンの航空交通システム …… 100
4-3　空飛ぶクルマの交通システム …… 102
4-4　通信と飛行方式 …… 106
4-5　離着陸場 …… 110
4-6　保険への加入 …… 116
4-7　運航補助データサービス …… 118
4-8　サービスアーキテクチャ …… 120

インタビュー　航空機電動化（ECLAIR、エクレア）コンソーシアムの目指すもの …… 122

第5章
空飛ぶクルマ実現のための課題

5

5-1　システムとしての安全性（認証） …… 126
5-2　運航の信頼性（就航率） …… 128
5-3　空飛ぶクルマとドローンの共通点と違い …… 130
5-4　用途ごとの実現性 …… 132
5-5　標準化 …… 135
5-6　システムデザインの観点から見た実現可能性と課題 …… 140

インタビュー　空飛ぶクルマの認証について企業が知っておきたいこと …… 146

あとがき …… 149

参考文献 …… 153

第1章

空飛ぶクルマのコンセプト

本章では「空飛ぶクルマの定義」「空飛ぶクルマの歴史」「空飛ぶクルマのシステムデザインとは何か」を中心に解説します。

「空飛ぶクルマ」とは何か？

「空飛ぶクルマ」の定義は、いまだ定まっておらず、複数考えられます。この中で視点の異なる４つの定義を説明します。

図 1-1-1 は「空飛ぶクルマ」という言葉で表される４つの定義を示しています。「空陸両用車」は機能の視点、「電動垂直離着陸機（eVTOL（イーブイトール）：electric vertical takeoff and landing）aircraft」は機体の動力と飛行機能の視点、「都市型航空交通」は用途の視点、「空を利用した Door-to-Door 移動サービス」はサービスの視点です。これらを順に説明しましょう。

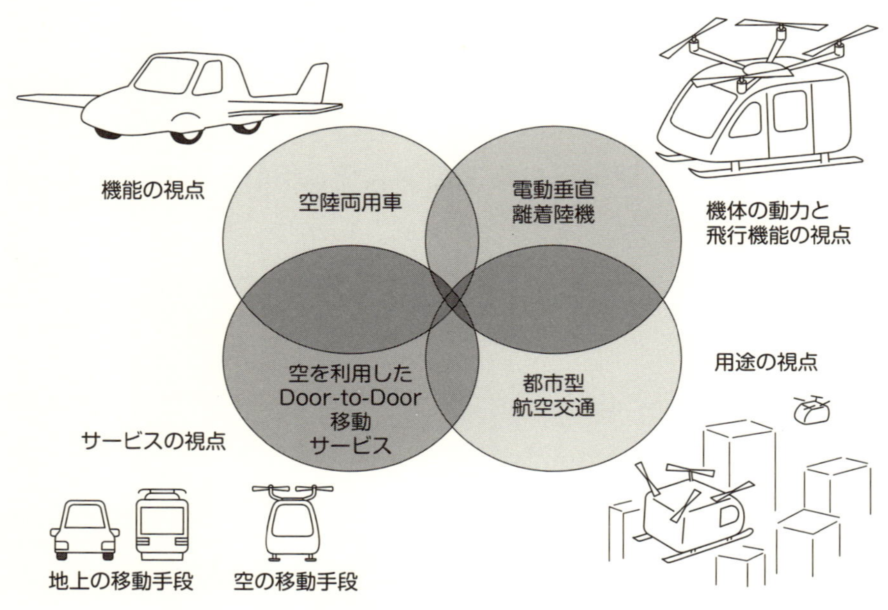

図 1-1-1　空飛ぶクルマの定義

電動垂直離着陸機（eVTOL）は空飛ぶクルマの代名詞のように言われています。

(1) 空陸両用車

「空飛ぶクルマ」といえば、『バック・トゥ・ザ・フューチャー』などのSF映画に登場するような「空陸両用車」、すなわち、空を飛べて地上の道路も走ることができる車を思い浮かべる人が多いに違いありません。運転している人なら、道路の渋滞時に「空を飛べたらいいのになあ」と思ったことが一度はあるでしょう。しかし、長年研究されてきたにもかかわらず、それはまだ実用化されていません。

地上を走るためには、他の車やガードレールに衝突した場合に乗員を守れるほどの強固な車体が必要です。こうすると重くなり、空中に浮きあがるのが容易でなくなります。また、翼やプロペラを大きくしないと安定して複数人を運ぶことはできませんが、その場合、我が国の狭い道路では対向車線にはみ出してしまいます。さらに、道路を走るときは翼を折りたたむ必要がありますが、機構が複雑になります。機構が複雑になると重くなるだけでなく、故障が増えると予想されるため、安全性の観点で課題が多くなります。しかし、将来、空陸両用車が実用化されれば、多くの人が一度は乗りたいと思うに違いありません。狭い道路に入ることができれば、急病患者を運んだり、災害時に活躍したりすることがより期待されるでしょう。離着陸方法としては、道路を滑走しながら飛び立つ方法、あるいは垂直に離着陸する方法がともに考えられてきました。

(2) 電動垂直離着陸機

ドローンの普及によって、電動で滑走路を使わず、空と離着陸場を垂直に昇降するeVTOLが注目を集めています。空飛ぶクルマというカタカナの名称は、人が移動に利用する大衆的な乗り物というイメージを出すためで、必ずしも自動車の機能を持っていなくてもかまいません。従って、この定義では地上を走れなくともよいことになります。なお、ヘリコプターは通常電動ではないのでeVTOLには含まれません。

ドローンはキットを買ってきて自分でも組み立てられるように、開発の難易度が低いため、モーターによる動力と回転翼による浮遊・推進機構を持つのであれば、航空機メーカーでなくても参入できる利点があります。国内外の多くのベンチャー企業が2019年現在、開発を行っています。この観点から、eVTOLは空飛ぶクルマの代名詞になっているようです。

また、ホビー用のドローンは、初心者でも少しの訓練で飛ばすことができます。この操縦の簡単さから eVTOL は自動操縦、あるいは自動車免許程度の簡便さで免許が取得できることが期待されています。現在航空業界ではパイロットが不足しており、運航コストの低減のために自動操縦が期待されているわけです。パイロットがいないのであれば、空飛ぶクルマは若い男性が彼女に空中で愛を告白することにも使えそうです。

(3) 都市型航空交通

アメリカでは、ロサンゼルスなどで渋滞が深刻になっているため、都市の新しい交通手段が求められています。空飛ぶクルマは UAM（Urban Air Mobility）、すなわち「都市型航空交通」として語られています。アメリカで開催される国際会議、例えばアメリカ航空宇宙学会（American Institute of Aeronautics and Astronautics：AIAA）において、空飛ぶクルマの論文は UAM のセッションで話されることが多いのです。垂直離着陸は重要ですが、機体の主動力はフル電動（モーターだけで、ハイブリッドでない）や回転翼だけにこだわりません。

なぜなら回転翼だけでは、水平飛行時の効率が悪くなるためです。2019 年現在、バッテリーの性能がまだ低いので、航続距離が短いのです。従って、アメリカなど長距離飛行を必要とする国ではハイブリッド（モーターとエンジン）や、回転翼だけでなく固定翼を有したものも開発されています（**図 1-1-2**）。安全を考慮すると、都市ではトラブルがあった際に人家のないところまで移動する必要があり、滑空できる固定翼を持つことが望ましいという面もあるからです。なお、大都市の深刻な渋滞はアメリカだけの問題ではなく、インドのデリー、インドネシアのジャカルタ、タイのバンコクなどアジアでも見られます。

(4) 空を利用した Door-to-Door 移動サービス

空飛ぶクルマを一つの機体ではなく、空の利用を含む「Door-to-door 移動サービス」として捉えることもできます。近年、スマートフォンでタクシーを呼ぶオンデマンドサービスが普及しています。世界では「ライドシェア」という複数の乗客が乗り合わせるサービスもあります。我々の空飛ぶクルマ研究ラボでも、

2012年に修士学生がオンデマンド航空について研究しました[1]。

昨今、鉄道・バス・バイクシェア・スクーターシェアなどと地上のタクシーを組み合わせた複合的なサービスである「MaaS（Mobility as a Service）」に注目が集まっています。空飛ぶクルマを大衆化した空の乗り物と考えれば、この定義はまさにふさわしいと言えるでしょう。この定義によれば、極端に言えば、機体は従来のヘリコプターでもいいことになります。

実際Airbus（エアバス）やBell Helicopter Textron（ベル・ヘリコプター）は、まず従来のヘリコプターを使って空飛ぶクルマの事業のノウハウを得ようとしています。さらに一つの移動ツールの例として、Airbus社とAudi（アウディ）社とItaldesign Giugiaro（イタルデザイン・ジウジアーロ）社は共同で、ドローンが自動車を吊り上げて運ぶシステム（ドローンと車という2つの要素が合体）を開発しています[2]。空中で軽量化するために、自動車が吊り上げられるときにはタイヤを含む底のフレームが外れます。この乗り物なら乗り降りすることなく移動すべてをカバーすることが可能ですから、体の不自由な人に便利です。ドローンと車の接合部分の強度が安全上懸念されるため実用化には困難が予想されますが、このような斬新なアイデアの提案がこれからも続くことが期待されています。

このように、空飛ぶクルマには4つの定義が見られます。しかも、この4つのどれか一つにだけ分類されるのではなく、複数のタイプにまたがるものもあります。例えば、空陸両用で、かつeVTOLのタイプの機体を開発するメーカーもあります。それを都市の交通に使ったり、MaaSのサービスとして利用したりしていくことでしょう。

図1-1-2　固定翼と回転翼

ポイント

⊙空飛ぶクルマには世界的に「空陸両用車」「eVTOL」「都市型航空交通（UAM）」「Door-to-doorの移動サービス」の4つの定義が見られる。この4つのどれか一つだけに分類されるのではなく、複数のタイプにまたがることもある。

1-2 空飛ぶクルマの歴史

空飛ぶクルマの歴史について、前節で説明した４つの視点のうち、機体の構造にかかわる空陸両用車とeVTOLを見てみましょう。

（1）空陸両用車の変遷

空陸両用車は20世紀から開発されてきました（**図1-2-1**）。特にカナダ人のPaul Mollerは、1983年から垂直離着陸型の空飛ぶクルマMoller Sky Carの開発に取り組んできました。1990年のファイナンシャル・タイムズの記事には「Moller Skycar M400は9500ft（2895.6m）から30000ft（9144m）の高度を毎時400マイル（643.7km/h）で飛ぶ」と記されていて、垂直離着陸も地上走行も可能な設計案でした[3]。Moller Internationalの現在のホームページを見ると、Skycar 200は空陸両用車ですが、Skycar 400は小型航空機の設計です。しかし、Moller Internationalからは空飛ぶクルマの試作品は発表されているものの、飛行実験な

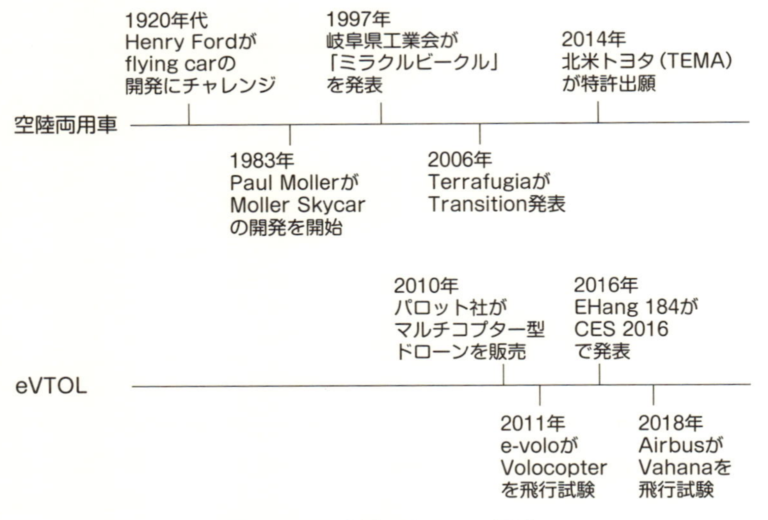

図1-2-1　空飛ぶクルマの歴史

空陸両用車は1900年初期からチャレンジされてきたが、実用化されていない。
eVTOLはドローンの進歩によって急速に開発が進んでいる。

どのニュースは見られていません。

国内のメディアで初めて「空飛ぶ車」の文字が登場したのは、1997年の岐阜県工業会に関する記事でした(4)。川重岐阜エンジニアリングの三橋清通社長（当時）を会長に、岐阜県工業会の関係者が参加して空飛ぶクルマ「ミラクルビークル」を開発していました(4)。2003年に日本航空宇宙学会誌に掲載された論文によると、設計上は一人乗りの軽スポーツカーで電動モーター駆動式、全長は4.45m、幅は6m、離陸重量は450kg、地上走行は最大時速50km、巡航速度は時速200km、地上では翼を折り畳み、飛ぶときは羽を開く形でした(5)。2002年には実物の3分の1ラジコン模型機の飛行試験を行い、旋回を繰り返しながら4分間飛行した記録が残っています(5)。しかし、資金繰りが難しく、2012年に開発は終了しました。空飛ぶクルマの開発は海外だけの話ではないのです。

自動車会社も関心を持っていました。Ford Motor Company（フォード・モーター・カンパニー）創設者であるHenry Ford（ヘンリー・フォード）も、1920年代に、1人乗りの'flying car'にチャレンジしていました。しかし、飛行試験における故障や事故によって成功には至らなかったと言われています。トヨタ自動車はトヨタ・モーター・エンジニアリング・アンド・マニファクチャリング・ノース・アメリカ株式会社（以下、TEMA）が、車体上部に収納可能な複数の翼を持つ空飛ぶクルマの特許を、2014年3月に出願したと報道されています(6)。しかしまだ実際の生産・販売までには至っていません。

現在、空陸両用車を開発するベンチャー企業として有名なのはアメリカ、ボストンのTerrafugia（テラフージア）社で、2006年にエンジン駆動で翼を折りたたむタイプの空陸両用車Transition（トランジション）を発表しました。

(2) eVTOLの目覚ましい進歩

次にeVTOLを見ましょう。2010年にフランスのParrot（パロット）社がホビー用の電動垂直離発着ドローン（AR.DRONE）を販売し、急速に普及していきました(7)。このドローンは、固定翼を持たず4枚のプロペラを持つマルチコプター（第3章2節参照）というタイプで、eVTOLの中でもっとも構造が簡単なためコストが低いのです。現在は中国のDJI（Da-Jiang Innovations Science and Technology Co., Ltd.）社などのドローンがホビーだけでなくビジネスでも使われています。小型・廉価なジャイロセンサーと加速度センサーのおかげで、高い操縦技量が不要になり、ドローンは普及しました。ドローンは、空撮、農薬散布、インフラ点検などに使われていますが、そのドローンに人を乗せてみたいと考えるのも不思議ではありません。Parrot 社から遅れることわずか 1 年の 2011 年、e-volo 社（現ボロコプター社）はマルチコプターに人を乗せたテストを行いました[(8)]。以降、滑走路や操縦技量からの解放、2 次電池のようなバッテリーの導入による複雑なエンジンシステムからの解放、複数のローターを使用することで、一つローターが止まっても他のローターで姿勢を維持できる（冗長性の向上）などの利点が明らかになり、eVTOL 型の開発が盛んになっていきました。2016 年には中国の EHang（イーハン）が EHang 184 を世界最大の家電見本市（CES）で発表し、2018 年にはフランスの Airbus が Vahana のテスト飛行をしたことが知られています。2019 年には、Volocopter 社がドイツ・シュミットガルトやシンガポールでデモ飛行したことが話題になりました[(9)]。

このように、空陸両用車は自動車会社を中心に長く開発が行われてきましたが、いまだに実用化されていません。eVTOL はドローン技術の進歩によって、昨今期待が高まっています。

なお、都市型航空交通は、2018 年に NASA による市場調査の詳しい報告書が出ています[(10)、(11)]。空の移動を含む Door-to-Door サービスは 2016 年 Uber Elevate Whitepaper（Uber 社の白書）[(12)]が出てから知名度が高まりました。どちらの定義も最近、注目を集めているものです。

ポイント

⊙空陸両用車は自動車会社を中心に長く開発が行われてきたが、いまだに実用化されていない。eVTOL はドローン技術の進歩によって、期待が高まっている。

1-3 ドミナントデザイン

本節では、空飛ぶクルマのイノベーションを、経営学の立場、すなわちドミナントデザインの視点から考えてみましょう。

本章第1節で、空飛ぶクルマの定義は、まだ定まっていないと述べました。その理由の一つは、空飛ぶクルマのドミナントデザインがまだ決まっていないからです。ドミナントデザインとは、標準的デザインのことで、自動車の場合は4輪のタイヤがあり、操作はハンドルで行うという基本的なデザインのことです。業界への企業の参入と退出が均衡状態になり、企業数が最大になるポイントで、ドミナントデザインが出現するという理論があります（**図 1-3-1**[(13)]）。経営学的に言えば、「ドミナントデザインが定まる前の数年間が業界へ参入するのにもっとも良いタイミングで、そこから遅れればチャンスを逃す」とされています[(14)]。

第2章で紹介するように空飛ぶクルマの用途は広いので、ドミナントデザイン

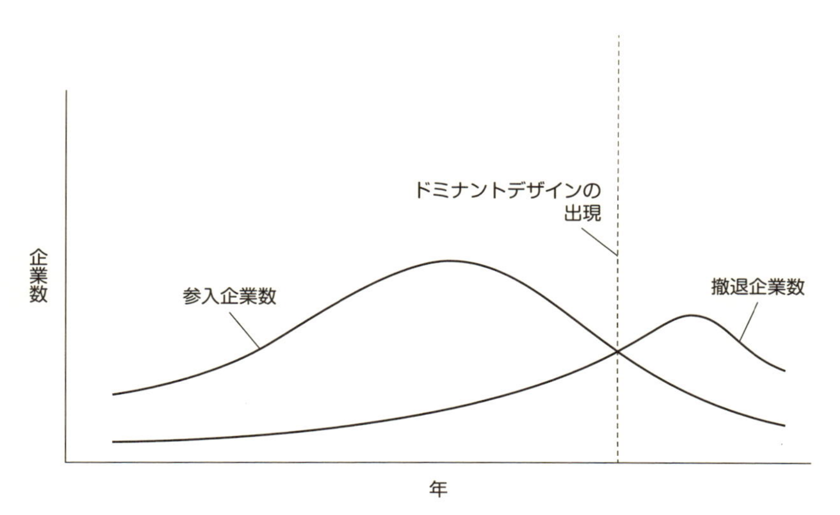

図 1-3-1　ドミナントデザイン[(13)、(14)]

経営学では、ドミナントデザインが定まる前の数年間が業界へ参入するのにもっとも良いタイミングで、そこから遅れればチャンスを逃すとされる。

は一つとは限りません。長距離を飛ぶのであれば固定翼を持っている必要がありますし、災害や救命救急医療の現場では地上を走ることができれば目的地近くに着陸して、目的地まで地上を移動することができるでしょう。空飛ぶタクシーでは、メンテナンスコストを軽減するため eVTOL が期待されるでしょう。

現在、多くのスタートアップ企業が生まれていますが、回転翼を有し、垂直離着陸できる機体がドミナントデザインになりつつあると考えられます。実際、2019 年 6 月現在、開発されている空飛ぶクルマの 9 割以上は電動（electric）モーターによって駆動する回転翼のある eVTOL という印象です。これはハイブリッド、および、固定翼と回転翼を同時に持つ機体も含まれます。将来、過去をふり返った時に 2019 年がもっとも良い参入機会の年だったということもあり得ることです。しかし、安全な機体をスタートアップ企業で開発して認証を取るのは容易ではなく、今後は資金力と技術力のある既存の航空機メーカーが開発で有利になる可能性が高いでしょう。既存の航空機メーカーが空飛ぶクルマの開発に参入するとともに、スタートアップ企業が買収されるのではないでしょうか。

eVTOL の開発が多くなっている理由は、国際会議で環境問題に対する二酸化炭素（CO_2）の削減目標が極めて高くなったからという事情もあります（詳細は第 3 章）。ただし、電動化すれば、ライフサイクル（原材料製造から組み立て、利用、リサイクルまで）に渡って CO_2 排出量が一般の小型航空機と比べて低くなるのか、まだわかっていません。その理由は、電力が石炭や天然ガスなどの化石燃料から作られているため、バッテリー製造中に排出される CO_2、および、飛行中の電力を作る発電所から出る CO_2 は無視できないほど大きいからです。実際、2019 年現在、自動車においては、中型クラスの電気自動車を東京で普通に使用した場合、ライフサイクルにおいては、電気自動車の方がガソリン車より CO_2 排出量が少ないとは必ずしも言えません[(15)]。この点は誤解が多いと言えます。

ポイント

⊙ドミナントデザインが定まる前の数年間が業界へ参入するためにはもっともいいタイミング。そこから遅れればチャンスを逃す。

1-4 システムデザイン

空飛ぶクルマを使う社会を構築するためには、技術だけでなく、システムデザインの考え方が重要です。この節では、システムデザインの概要を説明します。

(1) システムの設計・構築

システムデザインは社会に新しい制度や仕組みをつくるとき、再構築するとき、あるいは、会社で新事業を創出するとき、課題を解決するとき、新しいモノづくりなどのときに用いられる方法です。

この場合の「システム」とは、広義で「複数の要素が相互作用するとき、その全体のこと」を指します(16)。もう少し詳しく説明すると「それぞれ役割を持った要素同士が有機的に結びつき、全体として要素単独ではなし得ない有用な機能を可能とするもの」です(17)。例えば、自動車を一つのシステムととらえた場合、その要素はエンジン、タイヤ、ハンドル、ブレーキ、ボディなどです。さらに、エンジンを一つのシステムとしてとらえた場合は、エンジンの様々な部品が互いにうまく機能することでタイヤの軸を回すため、エンジンは自動車のサブシステムといえます。システムは階層構造になっています。

「デザイン」とは、システムをつくるときの設計図、および、設計する行為を指します。システムデザインでは、まず「アーキテクチャ」を書きます（**図 1-4-1**）。アーキテクチャとは、「システムと外界（システムの範囲外の要素）」と「システムを構成する要素、および、その関係と関係性」です(17)。アーキテクチャを定義することをアーキテクティングといいます。定義するとは、関係者間でその言葉の内容を明確にすることです。例えば、新車をつくる場合、その「新しい自動車」を一つのシステムととらえます。アーキテクティングでは、まず、それを取り巻くステークホルダー（利害関係者、この場合は販売する店やその店員、利用する顧客）他、さらに自然環境（例えば排気ガスによる影響）などの関係（どんな関係か）を書き出し、それぞれの視点による関係性（どんなニーズがあるかなど）を定義することで可視化します。それらを勘案したうえで、新しい自動車のコンセプトをつくります。システムと外界の関係や関係性を先に定義する理由は、最

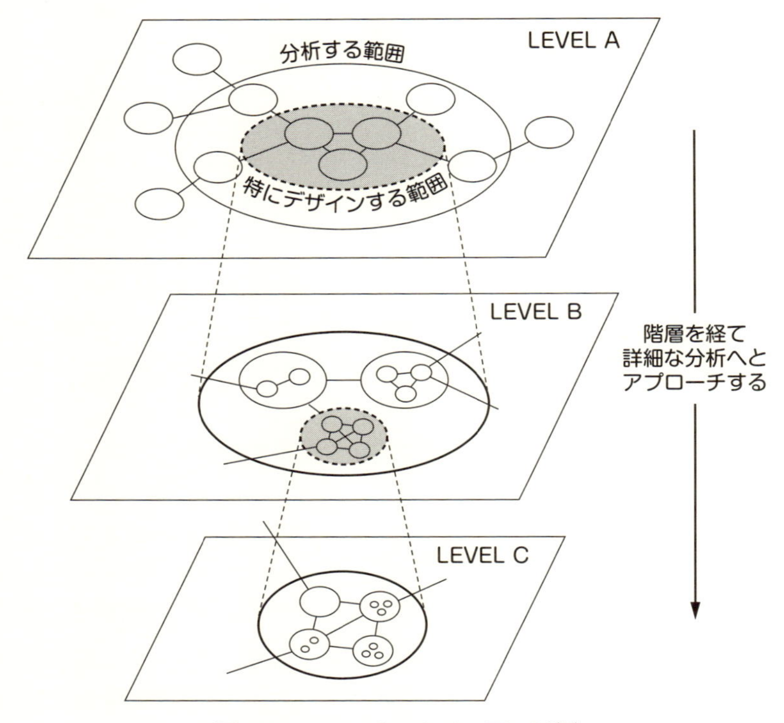

図 1-4-1　アーキテクチャ図の例(18)

アーキテクチャとは、「システムと外界（システムの範囲外の要素）」と「システムを構成する要素、および、その関係と関係性」を定義すること。

先端の技術を用いて自動車を製品化しても、周囲とのバランスが取れていなければ、その製品は利用されることなく、価値が損なわれてしまうからです。新しい自動車のコンセプトができたら、次に「コンセプトに基づいた自動車」というシステムの要素（タイヤ、ハンドル、バッテリー、自動ブレーキ……）を書き出し、その要素間の関係と関係性を前述と同じ手順で定義します。

つまり、システムデザインの特徴は「システムだけでなく、それを取り巻くステークホルダーも視野に入れたうえで、システムを全体的、俯瞰的、および、多様な視点からとらえる」ことです。このアプローチは「システムズアプローチ」と呼ばれます。このときシステム全体が機能するかどうかは、構成される要素と要素の関係性（インターフェース：接触面、接続部分、つながり）がうまく働くかどうかで決まります。

(2) V字モデル

システムデザインを検討するときに役に立つ「V字モデル」という考え方を説明しましょう。

従来の開発法「ウォーターフォール（waterfall、滝・川など崖から水が落ちるさま）モデル」では、すべての要素を統合してから検証・評価していたため、大きな手戻りの発生が見られることもありました。このため、川の流れのように図示されていた工程を中央で折ってV字で表す「Vモデル」では、各段階での検証・評価方法と基準を事前に考えることを促しています。V字モデルには「アーキテクチャV」と「エンティティV」の2種類の図があります（**図1-4-2、1-4-3**））。

「アーキテクチャ（architecture）V」とは、アーキテクチャから見たタスクの関係を表わしたものです(17)。これはシステム開発の基本的な考え方を可視化したもので、V字モデルの左側（「左腕」と呼ばれる）はシステムの設計・開発プロセスで要素を分解し定義していく過程を、右側（右腕）はシステムを実現・管理するプロセスで左腕の要素を統合する過程を示します。このモデル図の特徴は、左腕から右腕に水平線が引いてあることです。この水平線は、左腕の作業をしているときでも、右腕の統合時にどのような試験をしていくかを考えさせるためにあります。つまり、システム、サブシステム、コンポーネントのそれぞれの段階で、仕様通りに仕上がっているかを検証・評価する試験計画を立てることの重要性を表わします。

一方、「エンティティ（entity）V」とは、業務の流れを可視化したものです。エンティティという言葉にはいくつか意味がありますが、ここでは「統一体」「一つのまとまり」を指します。このモデル図でも、左腕から右腕に水平線を引くことで、それぞれの段階における検証・評価の重要性を表わしています。つまり、システム構築やモノづくりなどの大規模なプロジェクトを成功させるためには、全体を見ながら部分的な作業も行うことの重要性を指摘しています。成果物ができあがったあとには、当初のコンセプト通りに実現しているかどうか、妥当性を確認することも忘れてはなりません。

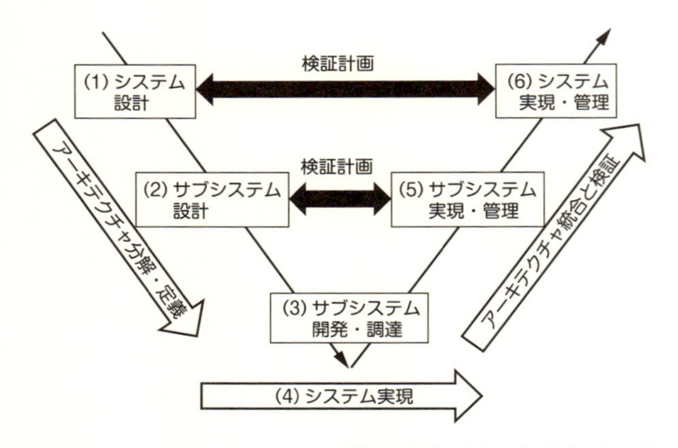

図 1-4-2　アーキテクチャV

左腕では、(1) システム設計 (2) サブシステム設計 (3) サブシステム開発・調達することで (4) システムを実現する。

右腕では (5) サブシステム実現・管理 (6) システム実現・管理をする。

(1) から (6)、(2) から (5) にのびる矢印はシステム、サブシステムの段階で仕様通りに仕上がっているかを検証・評価する重要性を表わす。

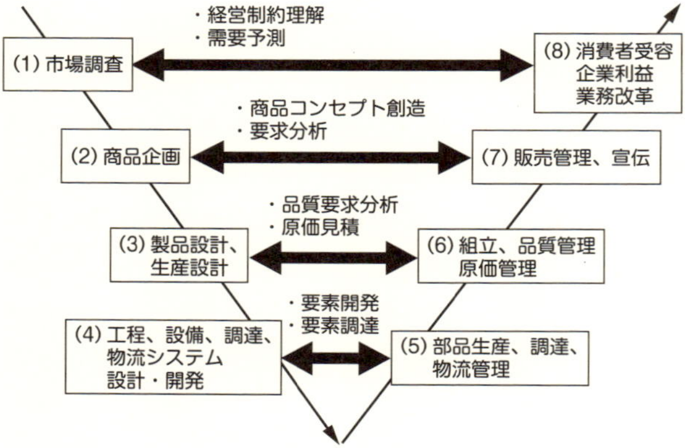

(1) 市場調査
・経営制約理解
・需要予測
(8) 消費者受容
企業利益
業務改革
(2) 商品企画
・商品コンセプト創造
・要求分析
(7) 販売管理、宣伝
(3) 製品設計、生産設計
・品質要求分析
・原価見積
(6) 組立、品質管理
原価管理
(4) 工程、設備、調達、物流システム設計・開発
・要素開発
・要素調達
(5) 部品生産、調達、物流管理

図 1-4-3　エンティティV

左腕は企画・設計プロセスを示している。
(1) 市場調査（経営制約理解、需要予測）(2) 商品企画（商品コンセプト創造、要求分析）(3) 製品設計、生産設計（品質要求分析、原価見積）(4) 工程、設備、調達、物流、システム設計・開発（要素開発、要素調達）の順に実施する。

右腕は構築プロセスを示している。(5) 部品生産、調達、物流管理 (6) 組立、品質管理、原価管理 (7) 販売管理、宣伝 (8) 消費者受容、企業利益、業務改革を表わす。

ポイント

⊙システムをつくるときは、アーキテクチャを描く。
⊙システム全体が機能するかどうかは、要素間のインターフェースが機能するかで決まる。
⊙Vモデルはシステムデザインの基盤の図。業務の流れや要素（タスク）の関係とともに、検証・評価の重要性を示している。

1-5 空飛ぶクルマのシステムデザイン

空飛ぶクルマを実現するためには、(1) 市場要求 (2) 機体技術 (3) インフラ整備」の３つを統合したシステムアプローチが必要です。そして、これらを同時に考える必要があります。

(1) 包括的なシステムデザイン

①市場要求

空飛ぶクルマについて、「どのような用途（目的）で使われるのか」「そのためにどのような機体仕様やインフラ仕様が必要なのか」などを調査することが必要です（**図 1-5-1**）。市場要求とは、例えば、１機当たりの乗客数、運航頻度、運航距離、運航コスト、離着陸場の騒音レベルなどです。その要求仕様がないと機体設計者やインフラ設計者は設計できません。

②機体技術

市場の要求があっても、それを達成できるか、すなわち「技術成立性」を考えることが必要です。例えば、航続距離（積載した１回の燃料によって航行できる距離）が長い場合は、翼を持つ方が効率的です。乗員が多い場合は、バッテリでは能力不足であり電動だけで飛ぶことが難しいため、従来のエンジンも利用した

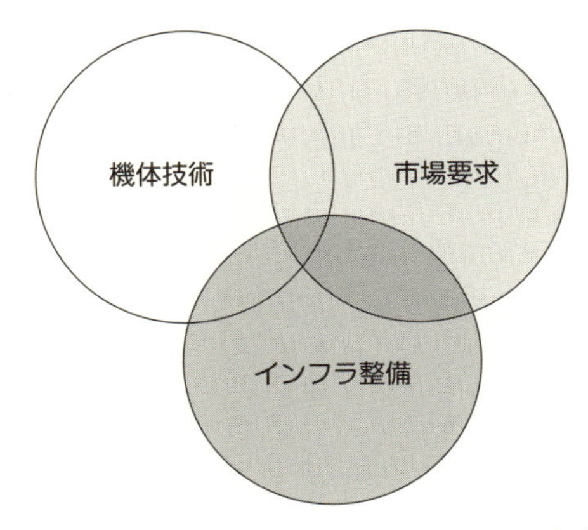

図 1-5-1　空飛ぶクルマの包括的なシステムデザイン

ロードマップ作成には、スパイラルな検討が必要。実現には、統合したシステムデザインが必要

ハイブリッドの方が実現可能性はあります。ただし、機体の運航コストがかさみ、運賃が上がるため期待したほどの需要が得られない可能性があります。

③インフラ整備

「どんな機体が飛ぶか」「誰がどんな目的で空飛ぶクルマを使うか」によって、必要な設備やサービスが導き出されます。夜間に飛ぶなら、離着陸場には照明設備が必要です。動力が電気か化石燃料かで設備も変わります。設備の整った場所以外、例えばコンビニエンスストアの駐車場に自動で着陸する場合、自動誘導装置が必要かもしれません。しかし、インフラの建設コストや運用コストが高いと運賃があがるため、期待したほどの需要が得られない可能性があります。

現在は機体技術やインフラ整備が不十分なので、用途の適用範囲や実現時期が制約されます。例えば、機体技術で「電動で4人乗りは、現時点では難しい」、あるいは、インフラ整備では「スキー場にエネルギー供給設備を設置できるか」などです。その場合は、(1) の市場要求を再検討します。システムデザインでは、このプロセスを繰り返し、適切なシステムを定義（明確化）します。

(2) 空飛ぶクルマ研究ラボにおける研究項目

空飛ぶクルマ研究ラボでは、**図 1-5-2、図 1-5-3** のような項目を順次、研究しています。空飛ぶクルマの用途は、空飛ぶタクシー、自家用エアコミュータ（通勤用）、災害救助、離島交通、救命救急医療、エア警察などです。本書では、我が国で一般的に期待されている空飛ぶタクシー、離島交通、救命救急医療などについての研究成果を紹介しています。対象地域は、アメリカ、ヨーロッパ、中東、アジア、アフリカなど様々ですが、本書では日本での用途のみを紹介します。

機体仕様に関しては、安全性、静粛性、環境性、風、夜間飛行、自動運転、地上移動との接続、隊列運航などが研究項目です。本書では、基礎的な技術をわかりやすく説明するため、研究成果の詳細を割愛します。

社会インフラに関しては、住民と消費者受容性、都市構造、法規、管制、運航管理、気象予測、3次元ITS（Intelligent Transport Systems：高度道路交通システム）、離着陸インフラ、パイロット養成、メンテナンス、機体とソフトウエア認証、サイバーセキュリティ、保険、シェアビジネスなどが研究項目です。

システムデザインの手法を用いており、ステークホルダー分析を行った後、全

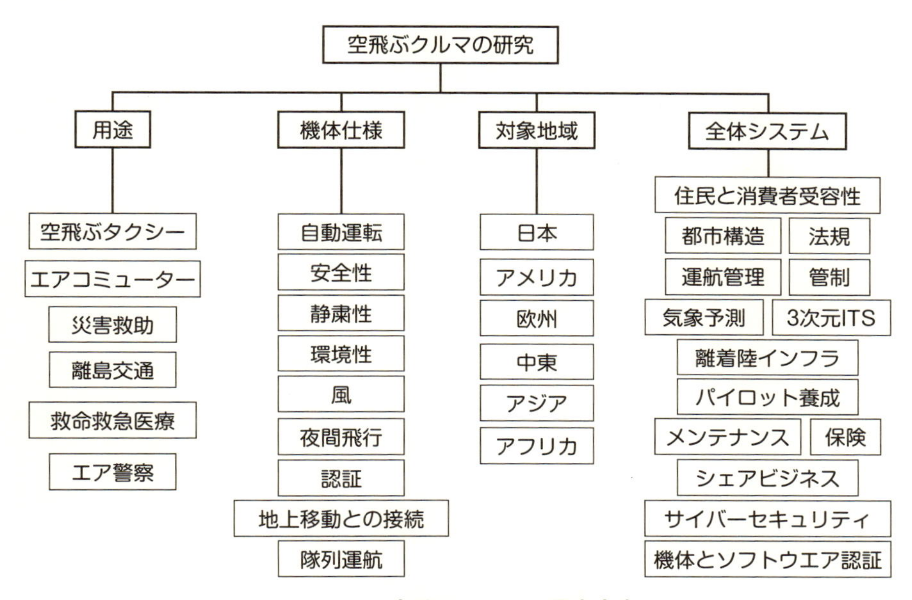

図 1-5-2　空飛ぶクルマの研究内容

●ステークホルダー分析	●機体システムの要求仕様定義
●全体システムのアーキテクチャ	●運航管理アルゴリズム
●技術成立性検討とロードマッピング	●システム標準化
●ビジネスモデリング＆シミュレーション	●都市構造設計

図 1-5-3　空飛ぶクルマ研究ラボの研究項目

体システムのアーキテクチャを見える化して、技術成立性検討とロードマッピングを行います。持続可能な事業性を検討するため、ビジネスモデリングとシミュレーションを用いています。さらに、機体システムとインフラに対する要求仕様定義を行います。インフラのなかには、都市構造への要求仕様も含まれます。全体システムアーキテクチャからシステム標準化を提案します。

ポイント

⊙空飛ぶクルマのシステムデザインでは「市場要求」「機体技術」「インフラ整備」を包括的に検討していく必要がある。

1-6 社会・技術システムアプローチ

革新的技術の社会実装において、社会と技術の相互関係を考える社会・技術アプローチが必要です。企業・官公庁・生活者の3要素の観点から説明しましょう。

自動運転車・人間型ロボット・超音速航空機などと同様に、空飛ぶクルマのような革新的技術は、当初は世の中に賛否両論の意見が出ることが多くあります。社会の負荷を低減し、社会の発展や人々の生活へ貢献することによって社会全体から受け入れられる必要があります。逆に、社会と十分にコミュニケーションしないまま技術開発をしても、社会全体から受け入れられない可能性があります。

一方、高度な技術が当初から十分に完成されていることは少なく、社会全体で企業の技術開発を応援しなければ、その技術が実現しない可能性があります。社会と技術の相互関係を考えて、技術開発を進める考え方を社会・技術アプローチ（Socio-Technical Approach）と呼んでいます。

このアプローチの重要なステークホルダーは、企業・官公庁・生活者となります（**図1-6-1**）。このステークホルダーを順に説明しましょう。

（1）企業の技術・システム開発・ビジネス

世の中の暮らしを向上させるためには、企業などが技術を開発・製品化することが必要です。例えば、地球温暖化に対しては、省エネ技術、低炭素排出製品、リサイクル可能な製品を開発することが必要です。電気自動車は、低炭素排出製品の代表的な例です。

（2）官公庁の施策

実現に必要な予算計画、法律の制定、制度改革、環境整備などを施策で後押しします。特に、技術の開発は政策によって早めることができます。電気自動車を普及させるために、政府が電気自動車購入者に購入資金の一部を援助したり、欧州では環境税やエネルギー税を取ったり、バッテリー開発企業に補助金を出したりします。

(3) 生活者の受容性

予算計画の承認、および、施策を決定する議会には国民の代表である議員がいます。生活者の受容性が購買行動につながり、企業の行動を促します。リサイクルでは、住民がゴミの回収に協力する（適切にゴミ出しする）ことが重要です。

空飛ぶクルマの実現には、企業において、バッテリーや自動制御、騒音低減などの技術革新が必要です。政府は安全に関する新しい航空法を整備することや、実証実験に資金援助することが考えられます。それも人々の理解、すなわち社会受容性があってこそ成り立ちます。

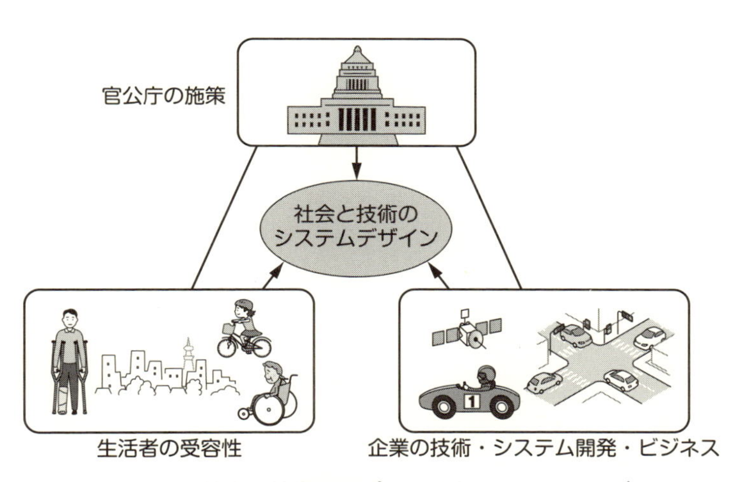

図 1-6-1　社会・技術のアプローチとステークホルダー

社会システムのデザインには政策が重要。政策決定におけるシステムデザインは（1）技術・システム開発、ビジネス（2）官公庁による施策（3）生活者の受容性の三要素で成り立つ。

ポイント

◎空飛ぶクルマの実現には、企業におけるビジネス、それを後押しする官公庁に加えて、社会受容性が重要になる。

1-7 持続可能な社会形成のための空飛ぶクルマ

我が国は少子高齢化が進み、今後、地方では人の移動が課題となってきます。新しい交通手段によって、地方活性化を図ることも期待されています。

空飛ぶクルマ研究ラボでは、「持続可能な社会形成のための空飛ぶクルマの実現」を目指しています。この観点から、本節では「持続可能な社会システム」とは何かという定義を紹介しましょう。

一つは、ノルウェーの首相の名を冠したブラントラント・レポートで述べられている考えです[19]。

> "Sustainable development is development that meets the needs of the present without compromising the ability of future generations to meet their own needs."
> 「持続可能な開発」とは、将来の世代のニーズを満たす能力を毀損することなく、現代人のニーズに応えることです（著者訳）。

現在と過去のどちらにも偏らずバランスを持って政策を考える必要があるということです。年金問題や我が国の財政を見れば、将来の子供たちにつけを押し付けているように見えます。それではいけないでしょう。

もう一つの定義は、1998年にドイツ議会で提唱されたもので、持続可能性とは「社会性」「経済性」「環境性」の３つの軸を有すると定義されました[20]。

> "Sustainability is the concept of robust development in the ecological, economic and social dimension of human existence."
> 持続可能性とは、私たちを取り巻く生態学的、経済的、社会的側面の発展における堅固な概念です（著者訳）。

企業は経済性だけを追及して、社会性、例えば、人々の幸せや健康を損なってはいけません。また、地球温暖化のことだけを考えて、経済活動に支障をきたすようではいけません。この3軸のバランスが必要なのです。

空飛ぶクルマ研究ラボでは、これらの定義を基にシステムデザインの観点から、次の3つの項目を加えています。

(1) 先見性のある行動 (Proactive)

未来のシステムの目標を定義し、そこから遡ってシステムをデザインします。これは、ブラントラント・レポートの考えに沿っています。そのようなシステムをデザインするときには、一般的に社会システムのモデルをコンピューター上に構築して、現在取った手段が将来どうなるか、楽観的あるいは悲観的なシナリオを用いたシミュレーションをする必要があります。

Proactive な行動を必要とする問題の例として、地球温暖化問題、エネルギー問題、資源問題、都市問題、少子高齢化問題などが挙げられます。空飛ぶクルマにおいては、バッテリーなどの技術発展を考慮したうえで、実現までのロードマップを作成して、社会実現を進めていく必要があります。

Proactive の反対は Reactive です。いわゆるその場しのぎの対応です。重要な改革を先延ばしにして、大事故が起こってから慌てて対処することです。福島第一原発の事故（**図 1-7-1**）はその一例ではないでしょうか。

(2) 多原理を用いた対策 (Interdisciplinary)

システム構築ではステークホルダーの多様性を重視し、社会・環境・技術・ビジネスなどを同時に取り上げる必要があります。これは、ドイツ議会の定義に沿うものです。空飛ぶクルマ研究ラボには、法学・経済学・心理学・理工学などの多様な専門性を有する研究者や学生が集まっています。本書は、そのような様々なバックグラウンドを持った者たちの合作です。

(3) 包括的なシステムデザイン (Holistic)

課題は分割して検討した後、統合して全体最適を目指します。前節で説明した通りです。持続可能なシステムデザインのためのVモデルを示します（**図 1-7-**

図 1-7-1　福島第一原発の事故の様子

出典：東京電力ホールディングス

2)。本書では、左腕の初めのボックスを中心に記述しています。

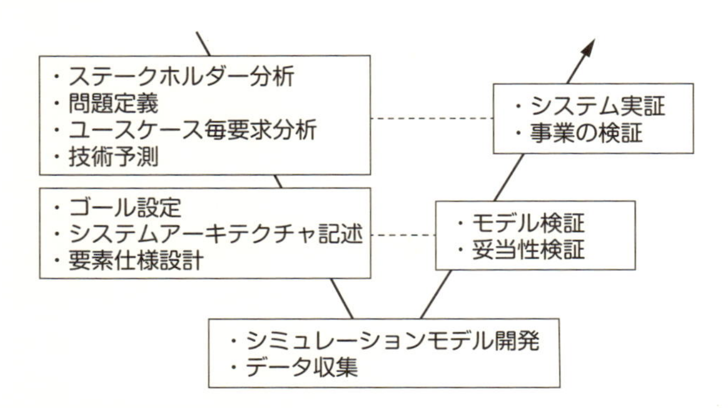

図 1-7-2　持続可能なシステムデザインのためのエンティティV モデル

エンティティV とは、業務の流れを可視化したもので、それぞれの段階の検証・評価の重要性を示している。

ポイント

◉持続可能な社会システムを形成するためには、「先見性のある行動」「多原理を用いた対策」「包括的なシステムデザイン」の観点で検討を重ねる。

コラム

若手官僚が空の移動革命の議論をリードする

2018年から経済産業省製造産業局と国土交通省航空局の共催で「空の移動革命に向けた官民協議会」が開かれています。同年12月には「2023年、空飛ぶクルマの事業スタート」を示したロードマップが発表され、両省の大臣も支援を表明しました。この協議会を立ち上げたのは、両省の20代、30代の有志たちです。海外から空飛ぶクルマの情報を把握し、時代の流れと将来の社会変革の期待をもとに、若手有志はボトムアップで議論を積み上げてきました。本稿はその経緯を紹介します。

新しい市場やルールを作っていくモデルケースに

これまでの霞が関での政策アプローチでは、省内の議論が終わってから、他の省に声をかける形が多く見られました。しかし、今回はプロジェクトの立ち上げ時から省横断連携を呼びかけ、まさに「二人三脚」で準備してきたといいます。国土交通省へ呼びかけたのは、経済産業省中小企業庁（金融課総括課長補佐）の海老原史明さん（当時は、航空機武器宇宙産業課総括課長補佐）。こう確信していたからです。「企業でも官庁でも、新しいことにチャレンジしたいが組織の論理でうまくいかず、眠っている人は大勢います。そのマグマのような力をうまく引き出すことで、日本の産業界の未来が見えてきます。その一つが空飛ぶクルマだと思いました」

海老原さんがこのプロジェクトに惹かれた理由は、現在の単なる延長線でなく、10年20年30年先の未来を自分たちで描いていけるところでした。「未来を見据えて、バックキャスティングで、いまから何をしていけばいいかを考えていきたいと思いました。産業振興官庁の経産省と規制官庁の国交省が手を携えて、新しい市場やルールを作っていくモデルケースにしたかったのです」

その呼びかけに応えたのは、当時、国土交通省航空局安全部（航空機安全課総括課長補佐）だった大井征史さん（現在は、他省庁へ出向中）でした。「ドローン、そして空飛ぶクルマの話題が出てきた頃から、ぜひ2省が連携して進めていこうと、省内で人をつなぎました。『いまはまだ、世界標準が確立されていないこの分野では、日本が世界の主導を取れるかもしれない』『空飛ぶクルマでオリンピックを盛り上げましょう！』と期待したからです」と振り返ります。当時は、メディアがオリンピックで空飛ぶクルマのお披露目を目指す事業者を盛んに取り上げていた時期でした。

両省の若手有志7人は本業で多忙を極める中、何とか時間を捻出し、海外からの情報をもとに勉強会を重ね、「日本の場合はどうなるか」という現在と未来の空の移動に関するディスカッションを繰り返しました。やがて、The Boeing Company や Airbus が経産省・国交省へ面談を求めるようになりました。しかし、国内企業から Uber のような表立った話はなかなか出てきませんでした。

イノベーションのジレンマを打破するには？

日本は戦後の経済成長のなか、自動車製造における要素技術で世界を牽引してきました。このため、「空飛ぶクルマの開発におけるポテンシャルは高い」と見られています。しかし、大企業は新しい変革の波が来ても、莫大な投資と責任を前に静観しがちです。しかも、従来の成功してきた製品、考え方、やり方に引きずられやすいところがあります。その結果、気づいた時には、変革への参入に遅れ、海外や新興企業に市場を奪われてしまいます。その現象をC.クリステンセンは「イノベーションのジレンマ」と表現しました(*)。

空の移動革命では、まさに「大企業がそのジレンマに陥っている」と国内の関係者は口を揃えます。しかし、Uber のように社内の取り組みを大々的に表明こそしませんが、すでに準備を進めている企業は相当数あると見られています。どのようにすれば、日本企業はこのジレンマを打破できるでしょうか。

そこで、両省の若手有志は官民協議会を設立して「対話の場」を作ることにしました。これまで、官庁の政策立案のアプローチでは税制改革や補助金給付、規制緩和などから事業が始まりました。しかし、近年は対話重視の政策アプローチをよく用いています。

経済産業省製造産業局（総務課係長）の庄野嘉恒さんは、官民協議会が新たな市場を創り出していく場面に出くわし、大変驚いたと話します。「官民協議会で、私たちは今後空飛ぶクルマというツールを使って、どのような社会を作っていきたいか、その世界観（全体像）を映像で共有しました。その結果、我々の想定外だった産業のプレイヤーが経産省や国交省へ相談に来るようになりました」

例えば、保険会社がいち早く保険商品を販売したこともそうでした。

社会での実現は「トータルイメージの共有」から

国土交通省のスタンスとしては「『制度ができないから、ビジネスに着手できない』とならないように留意している」と言います。国土交通省航空局安全部(安全企画課)無人航空機企画調整官の徳永博樹さんは「国への相談は敷居が高いと思わず、試験飛行などについて余裕あるスケジュールで来て頂きたい。まずは相談に来ていただき、お互いの共通認識を持つことが重要です」と呼びかけます。基本的には民間企業がどんなビジネスをしたいかに応じて、それにふさわしい環境を整備することが空飛ぶクルマの実現には重要と考えているからです。

また、国交省は国産の空飛ぶクルマの開発を応援していると前置きしながらも「国産でないと日本の空を飛んではいけないということではない」とも言います。第一は安全な乗り物を市場に出すことだからです。

国土交通省航空局(安全部安全企画課国土交通事務官)の小島智彦さんは、6月、米国で開催されたUber Elevate Summitを視察したときのことを、こう話します。「Uberは主要なモビリティサービスを繋げるマルチモーダル領域を重視しており、そのビジネスモデルは具体的に考えられています。Summitでは、初の米国外の試験飛行実施都市としてオーストラリアのメルボルンを選定したことや、離発着場となるSkyportのデザインなどの発表がありました」。

経済産業省製造産業(局総務課課長補佐)の伊藤貴紀さんはUber Elevate Summitで“Ubarn Aviation Worldwide”のパネルディスカッションに登壇する機会を得ました。「このサミットでは、空飛ぶクルマに関係するステークホルダーが集まって議論できる場を作っています。こういう社会を作りたいと描いたとき、みんなで作らないと埋まらないピースがあるのだから、一緒に一歩前へ踏み出そうとしているように感じました」と感想を話します。

空飛ぶクルマの官民協議会は、今後も続きます。構成メンバー間で機体開発の議論を進めるだけでなく、社会で実現するときのトータルイメージが共有できること。それは日本が世界から主導権を取り返す鍵になるでしょう。

＊クレイトン・クリステンセン、玉田俊平監修、伊豆原弓訳『イノベーションのジレンマ—技術革新が巨大企業を滅ぼすとき』(翔泳社、2000年)

第2章
輸送サービス

本章では、空飛ぶクルマの用途を紹介します。それぞれの要素から、機体や社会インフラに対する要求仕様を導き出します。

2-1 都市における空飛ぶタクシー

都市交通は社会・経済・環境へ大きな影響をもたらします。特に、近年、大都市の交通渋滞は国内外を問わず重要な課題です。

都市部には世界人口の55.3％、日本では人口の91.6％が居住しています[1]。都市化は今後も進み、2050年には世界で68.4％、日本で94.7％に達することが予想されています[1]。

特に、海外の都市では交通渋滞が大きな問題となっています。世界の交通渋滞に関するランキング「INRIX 2018 Global Traffic Scorecard（世界38ヶ国、200都市を対象。日本は対象外）」によると、オフピーク時と比較した1人当たりの通勤時間帯の時間損失はボゴタ（コロンビア）が世界ワースト1位で、年間272時間が失われています。米国のワースト1位から3位は、ボストンで164時間、ワシントンD.C.で155時間、シカゴで138時間となっています。

そこで、空飛ぶクルマを活用した新たな都市交通としてオンデマンドの空飛ぶタクシー（**図2-1-1**）が構想され、UberやVolocopterなどの事業者が実現に向けて機体やインフラ、サービスの開発を進めています。従来の交通は主に地上や水上の2次元であり、空の移動は航空機やヘリコプター（主に産業・公共用途）などに限られていました。しかし、空飛ぶクルマを用いた既存の交通システムとシームレスに接続する3次元交通サービスが始まり、地上タクシーと競合できる価格になった場合、これまで以上に高速かつ安価な移動が可能となり、移動手段の選択肢が増えることになります。

空飛ぶタクシーは重量の制約のため乗客数の面で、また騒音や安全確保のため運航密度の面で、鉄道やバスのような大量輸送は短期的には難しいと考えます。そのため都市渋滞の解決を空飛ぶクルマのみで図ることは困難です。しかし、半径100km程度の都市内や、空港から都市中心部などにおいて、空をダイレクトに移動できる空飛ぶタクシーは、渋滞を避けて移動時間を削減したいビジネス客や、時間に間に合うよう到着しなければならない人々から期待されています。空飛ぶクルマ研究ラボのヒヤリング調査でも、例えばある芸能人から、「東京都内の渋滞で収録に遅れるわけにはいかないので、空飛ぶクルマを使ってテレビ局へ移動したい」との声がありました。

空飛ぶタクシーは、他の用途に比べ市場規模の拡大が予想されるため、機体メーカーや部品サプライヤーの事業の観点からも有力と見られています。Uberは2023年に米国のダラス、ロサンゼルス、オーストラリアのメルボルンで空飛ぶタクシーのサービス提供開始を目指しています。

日本の都市、例えば東京では、空飛ぶタクシーは主に終電後の移動での活用が想定されます。空飛ぶクルマ研究ラボの研究で、東京都のあるタクシー会社の運賃1万円以上と5000円以上の運行データを分析しました。分析データをこの運賃に絞った理由は、空飛ぶクルマは飛行に加え離着陸にも時間がかかることを考えると、ある程度の長距離移動に使われることが見込まれるためです。その結果、運賃1万円以上のデータでは1日平均10回の運行実績がありましたが、そのほとんどが夜（実績値91％）でした。5000円以上のデータを取っても、夜の運行の方が多く見られました（**図2-1-2**）[2]。このことから、日本の大都市でのエアタクシーは夜間運航のほうが効果は高いと言えます。

都市における空飛ぶタクシーの実現には、安全や騒音、プライバシーなどに対する社会受容性が鍵となります。夜間運航では、騒音が特に問題になると考えます（騒音の詳細は第3章14節を参照）。2019年6月にワシントンD.C.で開催されたUber Elevate Summitでも、Uber社、FAA（アメリカ連邦航空局）、NASA

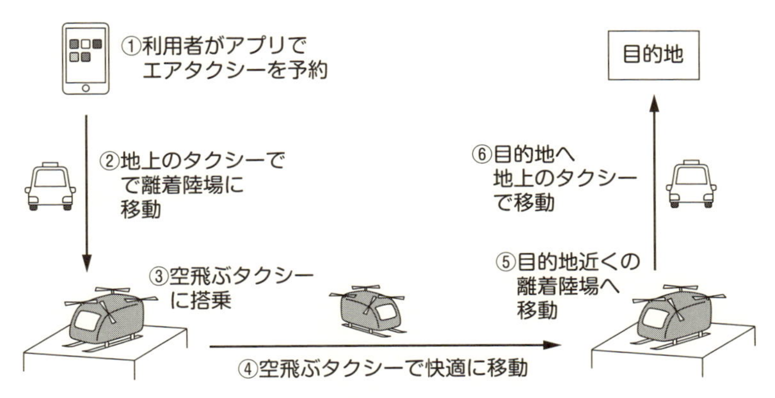

図2-1-1　オンデマンドの空飛ぶタクシーの利用の流れ

予約から移動、支払いまでをスピーディに行うことができる。

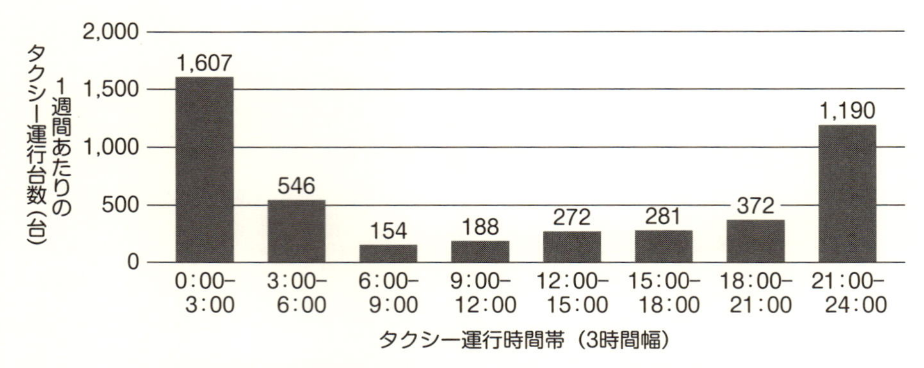

図 2-1-2　時間帯ごとのタクシー運行台数（5000 円以上）

1 週間のタクシー運行台数（5000 円以上）を、3 時間幅で示したデータ。例えば横軸の「0：00–3：00」は、0：00–3：00 の時間帯にタクシーが実車走行開始（乗客が乗車）したことを示す。終電後に帰宅する人のニーズが高い（このタクシー会社のシェアは東京の法人タクシーの 7.7 %、昼間（9：00、12：00、15：00）に実車走行開始したタクシーは平均 106 台/日）。

（アメリカ航空宇宙局）などが社会受容性の重要性を議論していました。また都市内の空飛ぶクルマによる高速移動では、ビジネスなどで移動する利用者が使いたいときに使えるよう、95％程度の就航率を確保することが必要となると考えます（就航率確保の詳細は第5章2節を参照）。空飛ぶクルマ研究ラボの研究によれば、東京で地上のタクシーと競合するには時速230km程度（ヘリコプター並）の速さが必要だと試算されています。これは地上のタクシーに乗り換える時間を考慮するからです。

ポイント

- ⦿オンデマンドの空飛ぶタクシーは、特に交通渋滞の問題を抱える海外の都市で空飛ぶクルマの最初の適用先として、Uber などが事業企画を進めている。
- ⦿日本の大都市では昼間よりも終電後の夜間運航のニーズが高い。
- ⦿騒音や安全、プライバシーなどに対する社会受容性、95 %程度の就航率の確保などが必要となる。

2-2 災害救助

地震や台風などの大きな災害で、従来の交通網が使用できなくなる事態が毎年のように発生しています。空飛ぶクルマをドローンとともに災害救助で利用することが期待されます。

日本は地震が多く、2006年以降、震度5弱以上の地震が毎年発生しており、その度に家屋の全壊・半壊が発生しています[3]。台風などの風水災害も多く、自然災害によって地上の交通網が遮断される状況を過去に何度も経験してきました。このような有事の際、空飛ぶクルマを災害救助で利用するアイデアは経済産業省によって示されています[4]。また、「空の移動革命に向けた官民協議会」が発表した「空飛ぶクルマのロードマップ」でも、2023年から災害救助に利用すると想定されています。

現在、災害時の航空搬送にはドクターヘリが活用されており、搬送・救助の実績が評価されています。2011年の東日本大震災では、全国のDMAT（Disaster Medical Assistance Team、災害派遣医療チーム）が空路参集し、そのうちドクターヘリは計16機が出動し、140名以上の傷病者などを搬送しました[5]。災害時の複数ドクターヘリ協同ミッションおよび広域搬送がこの時初めて行われました[6]。ただし、複数のドクターヘリの位置情報を把握し、安全で効率的な運航管理や医療搬送を行うことが非常に困難との課題が残りました。

その後、参集したドクターヘリの位置情報と気象情報を同一画面上で表示するシステム「FOSTER-CoPilot」が開発され、2018年5月までに国内全ドクターヘリに導入されました[7]。2016年の熊本地震では、このシステムにより、ドクターヘリに加えて消防防災ヘリとも相互の位置情報連携が初めて取られました[8]。ドクターヘリは、災害時の安全な航行、効率的な運用、複数機関にまたがる情報共有ができる体制となっています。

今後、空飛ぶクルマが災害救助に使われる場合には、機体が小型であるという特徴を活かして、救助や支援が必要な場所にピンポイントで着陸することで、迅速な活動ができると考えられます（図2-2-1）。

また、被災地において充電設備などの地上インフラが破壊された状態で空飛ぶ

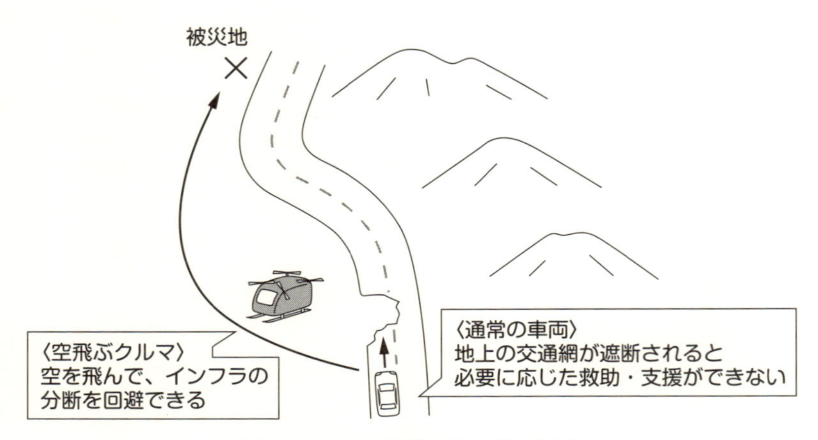

図 2-2-1　自然災害時の救助活動

自然災害によって地上の交通網が遮断されると必要に応じた救助・支援ができない。

クルマを災害救助用途で運航するには、移動式の充電・整備設備について検討しておく必要があります。空飛ぶクルマは電動を前提とした議論が進んでいますので、化石燃料などから発電を行ったうえで空飛ぶクルマの充電を行うような移動式の仕組みなどが必要になるでしょう。加えて、一刻を争う環境においては、現在のヘリでは難しいとされている夜間飛行、破壊された道路や狭い場所への離着陸など、平時より厳しい条件での離着陸に耐えうる機体や運転技術・特別ライセンスなどについても議論が必要になるでしょう。

ポイント

- ⊙災害時、道路が遮断された場合、空を飛ぶことで救助や物資支援が可能となりやすい。
- ⊙災害時での利活用のため、充電設備を検討する必要がある

2-3 過疎地の交通手段

少子高齢化や都市の一極集中などにより、地方の人口は年々減少しています。地上インフラを維持することも難しい状況です。過疎地の交通手段はどのように維持すればよいでしょうか。

国交省の調査によると、全国の集落のうち65歳以上が人口の50％を占める限界集落の数は約1万5000にも達しています(9)。さらに、過疎地では鉄道を維持するのが困難な状況にも陥っています。例えば、JR北海道では2016年に今後自社「単独で維持することが困難な路線」として10路線・13線区を正式に発表しました(10)(**図2-3-1**)。2019年3月期決算の営業利益は418億円の赤字となっています(11)。かつては石狩炭田の中心都市として栄えた夕張市の石勝線夕張支線も2019年4月1日に全線が廃線となりました。代替手段として公共バスや自家用車がありますが、利用者が少ない道路を維持し続けるのは、鉄道同様、行政にも住民にも大きな負担となります。

北海道の道路は昭和40年～60年代にかけて急速に舗装化が進み、工事から50年程度が経過しています。また、積雪寒冷地特有の凍結融解作用と凍上による舗装劣化（地中の水分が凍って地表が持ちあげられることによる舗装面の隆起やひび割れなど）が進んでおり、今後、修繕・保守に多くの費用が必要な状況です(12)。このような状況において、限界集落に関わる鉄道・道路などの地上インフラを長期的に維持・メンテナンスすることは、だんだんと難しくなるでしょう。限界集落の住民を一つの場所に集めてコンパクトシティ化する構想もありますが、住民から理解を得ることは容易ではない可能性があります。このような状況において、鉄道・道路という巨額の維持費が必要とされる従来の地上インフラに頼らずに、空飛ぶクルマによって点と点を結ぶ交通手段が実現できれば、1つのオプションとなり得ます。

図2-3-2のように集落間は空、集落内は陸地を走るというマルチモーダルな移動（複数の交通機関の連携した交通体系で移動すること）ができる機体が開発できれば、利便性と経済性の両立が可能となります。地上インフラとして集落の出入口に離着陸場と機体整備・充電ができるインフラを開発することで、過疎地間

記号	線区	区間	営業キロ
A	札沼線	北海道医療大学 ― 新十津川	47.6
B	根室線	富良野 ― 新得	81.7
C	留萌線	深川 ― 留萌	50.1
D	宗谷線	名寄 ― 稚内	183.2
E	根室線	釧路 ― 根室	135.4
F	根室線	滝川 ― 富良野	54.6
G	室蘭線	沼ノ端 ― 岩見沢	67.0
H	釧網線	東釧路 ― 網走	166.2
I	日高線	苫小牧 ― 鵡川	30.5
J	石北線	新旭川 ― 網走	234.0
K	富良野線	富良野 ― 旭川	54.8
L	石勝線	新夕張 ― 夕張	16.1
M	日高線	鵡川 ― 様似	116.0

図 2-3-1　JR 北海道が発表した「単独では維持することが困難な線区」(10)

JR 北海道では 2017 年度の赤字が約 500 億円にのぼった。

図 2-3-2　限界集落で空飛ぶクルマを活用

集落間は空、集落内は陸地を走るというマルチモーダルな移動ができる機体を開発できれば、利便性と経済性の両立が可能。

や、過疎地と都市を自由に移動することができます。その場合、騒音なども避けることができ、地域住民の理解が得やすい交通手段となるでしょう。

ポイント

⊙地方・限界集落に関わる鉄道・道路などの地上インフラは、人口減少のためすでに維持できない状況が見られる。

⊙限界集落を無くすのではなく、集落と集落を空飛ぶクルマで結び、集落内は地上を移動することで、従来の地上インフラ費を削減しながら、高速な移動を可能とする。

2-4 救命救急医療の新たな交通手段

現在の救命救急医療において、空からの移動にはドクターヘリが活用されています。しかし、いくつかの問題があるため、問題緩和のため空飛ぶクルマの利用が期待されています。

ドクターヘリは、概ね50km圏内において15分以内に医師を傷病者のもとへ運びます。初期治療後、高度で適切な救急医療ができる病院を決定し、搬送の必要があれば通常、同じヘリで高速搬送します。それにより救命率を上げ、社会復帰できる患者を増やし、また入院日数と医療費を低減する効果をあげています[13]。オペレーションとしては、消防からドクターヘリ基地病院へ出動要請があると、医師（フライトドクター）が操縦士、整備士、看護師と共に出動します。日本では2001年に導入後、2018年9月現在43道府県のドクターヘリ基地病院に53機が配備され[14]、道府県の事業として運営されています。

空飛ぶクルマ研究ラボでは、ドクターヘリに関するステークホルダー（利害関係者：**図2-4-1**）にインタビュー調査した結果、次のことがわかりました。東京

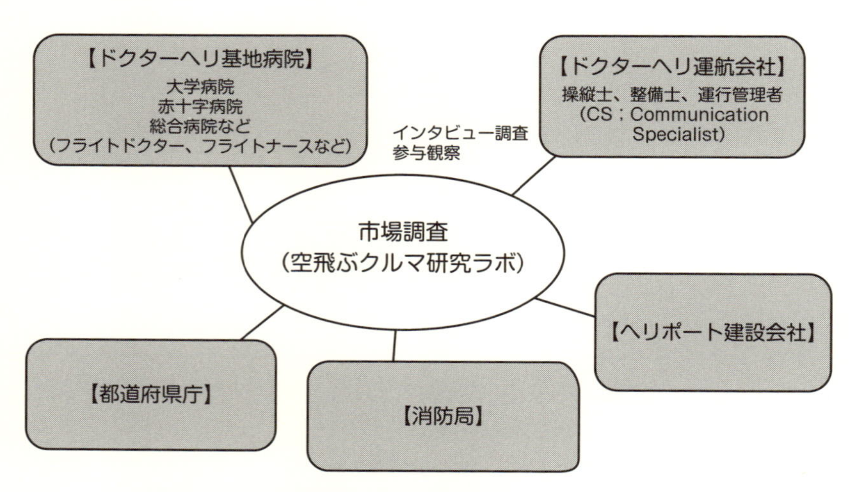

図2-4-1　救急医療用途の市場調査のステークホルダー

救急医療の市場調査では、ドクターヘリ基地病院、運航会社、ヘリポート建設会社、消防局、都道府県庁などへインタビューと参与観察をした。

機動性の向上

着陸できず、または
時間がかかり、
救えていない傷病者

コスト低減による配備増

重複要請/全要請 1〜20%
（ドクターヘリ基地病院の
平成28年データ、平成30年インタビュー）

運航時間の延長

「空飛ぶクルマで、一刻も早く傷病者のもとへ行き、
いま救えていない命を救いたい。災害時も使いたい」

図 2-4-2　ドクターヘリの課題

都は内陸地域および伊豆諸島と都内の大病院を結ぶ航空救急搬送に消防防災ヘリを活用しています。しかし、救急車の搬送遅延や多くの負傷者が発生する事案に対応するため、ドクターヘリの導入を求める声が医療者などから上がっています。他の道府県でも、消防防災ヘリを消火などとともに救命救急医療目的に併用している事例がありますが、出動が重なり利用できない場合が出ています。このほか、消防防災ヘリは救命救急医療目的での利用において機体や機材が必ずしも最適ではないため、ドクターヘリの新規・追加配備を求める声があがっています。

しかし、ドクターヘリには、以下のような課題があります（**図 2-4-2**）。

(1) 離着陸場所の拡充

ドクターヘリを最大限に活用するには傷病者のいる現場の直近に着陸することが望ましいです。しかし、機体が大きいため、多くの場合、離着陸場所は「ランデブーポイント」と呼ばれる、救急隊・消防隊とドクターヘリが合流する離着陸場に限られます。また、離着陸時にダウンウォッシュ（吹き下ろし、第3章14節参照）が生じることから、人や障害物を除去して安全を確保するために、消防隊による着陸支援が必要です。その結果、ドクターヘリが先に到着した場合、消防の到着を上空で待つ時間が発生し、治療開始が遅れます。

(2) コスト低減による配備増

ドクターヘリ事業の費用は国と都道府県が負担し、経費は拠点病院へ補助金として支払われます。運航費はその補助金から運航会社へ支払われます。しかし、ヘリコプターはコストが高く、補助金の上限を超える部分は病院と、特に運航会社の大幅な持ち出しであり、ドクターヘリ事業の今後の継続的な運営が危ぶまれています。ドクターヘリは全国に80機程度配備されているのが望ましい[15]のですが、主にコストや人員不足が理由で新規や追加の導入が遅れています。現在は1つの基地病院に1機しかないため、ヘリが出動中で新たな出動要請が来たときに対応できないケース（重複要請）が全要請の1～20％発生[16]しています。

(3) 夜間運航

空飛ぶクルマ研究ラボのインタビューでは、ドクターヘリは運航時間が日没までとなっているため、夜間の傷病者が救えていないと言われています。沖縄県石垣島の県立八重山病院へのヒアリングによると、海上保安庁のヘリで同病院に搬送される傷病者の3分の2は夜間に搬送されているそうです。海上保安庁のヘリコプターだけでなく、一般のドクターヘリが夜に飛行できれば、救える命が多いことがわかります。夜間運航に向けては、安全性、騒音、照明設備、費用、医療従事者や運航会社の人員確保などの問題があります[17]。

(4) パイロットの確保

ヘリコプターのパイロットの高齢化と今後の人材不足が問題となっています。ドクターヘリは現時点ではパイロットが不足している状況ではありませんが、将来的に不足する可能性が指摘されています[18]。理由は、パイロットの高齢化です。50歳以上のパイロットが約3分の2を占めています。加えて、ドクターヘリのパイロットには一般のヘリコプターよりも多くの飛行経歴が求められるのに対し、農薬散布などの業務が減少し、若手パイロットが飛行経験を積むのが困難になっているためです。

ドクターヘリにもこうした問題があり、フライドドクターは「もっと出動して、今救えていない命をもっと救いたい」と日本航空医療学会などで発言しています。

空飛ぶクルマは前述したドクターヘリの問題を緩和できる新しいモビリティとなることが期待されています。その利点とは、以下の通りです（**図 2-4-3**）。

(1) 離着陸場所の拡充

空飛ぶクルマはヘリコプターより小型で、地上走行もできればいっそう、ヘリコプターの着陸が難しい場所や傷病者の近くに直接、アクセスできます。ドクタ

ドクターヘリの問題	空飛ぶクルマの利点	利点の理由
離着陸場所の制約	離着陸場所の拡充	小型で、地上走行もできればいっそう、ヘリコプターの着陸が難しい場所や傷病者の近くに、直接、アクセスできる
コスト高と運営の持続性	コスト低減	電動化によるコスト低減が期待される
夜間運航されていない	夜間運航の可能性	安全な自動操縦が可能になれば、夜間運航の可能性が高まる
パイロット不足	容易な操縦性	操縦やライセンス取得が容易になると期待される

図 2-4-3　ドクターヘリの問題に対する空飛ぶクルマでの緩和策

ーヘリの離着陸場は概ね35m四方以上の面積が必要です（国土交通省通達の「防災対応基準」）。これは、野球のダイヤモンドで本塁から2塁（36.88m）弱、あるいはテニスコート（約10m×20m）2面分程度に相当します。それに対し、空飛ぶクルマの離着陸場は、例えばEHang（中国の空飛ぶクルマ開発メーカー）の場合、5m弱四方（機体サイズ4024mm×3969mmの1.2倍）の小スペースでよく、地方のコンビニの駐車場程度の広さ（自動車1台の駐車スペースは約2.5m×5.0mが多い）で離着陸が可能になると考えられています。なお、離着陸時のダウンウオッシュはヘリコプターより小さいものの空飛ぶクルマでも残ることが予想されています。このため、着陸支援についても空飛ぶクルマ研究ラボでさまざまな研究を行っています（第4章5節で詳細を説明）。

(2) コスト低減

電動化によりコスト低減が見込まれます。

(3) 夜間運航の可能性

夜間操縦は昼間より高度な技術が要求されることが一因でハードルが高く、現在、ドクターヘリは夜間運航されていません。しかし、空飛ぶクルマで期待されている安全な自動操縦が可能になれば夜間運航の実現も見えてきます。

(4) 容易な操縦性

空飛ぶクルマはヘリコプターより運転が容易になると想定されます。パイロットの訓練時間が短縮され、多くのパイロットを確保できることが期待されています。それはコスト軽減にもつながります。なお医師は治療に専念するため、医師

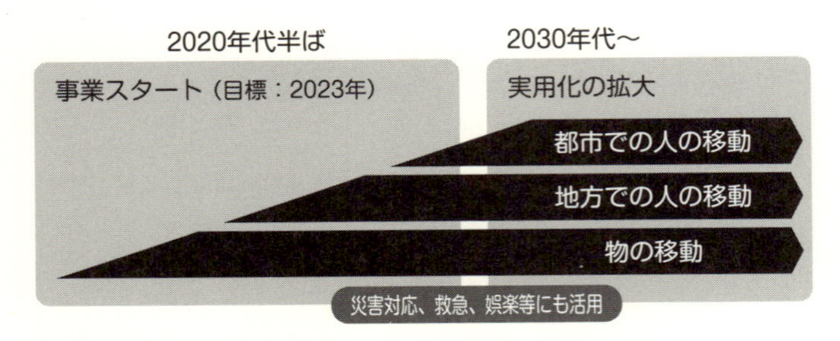

図 2-4-4　国の官民協議会が策定した「空の移動革命に向けたロードマップ」（一部引用）

による運転は求められていません。

重傷患者に対する救命救急医療の拡充は、高齢化と人口減少が進む中で社会ニーズとなっています。また、国の策定した「空の移動革命に向けたロードマップ」でも、救命救急医療用途は具体的な用途として挙げられています（**図 2-4-4**）。機体の要求仕様としては、片道 50km、往復 100km を 15 分以内で到着する必要があります。時速は 240km から 300km が望まれます。導入当初は医師とパイロットの２人乗りで、将来は患者の輸送も期待されます。地上走行も将来的に期待されています。今後の開発課題は以下のとおりです。電動の機体の場合、バッテリー性能が原因で、当初はドクターヘリと比べて機体に搭載できる医療機器の重量、および、医療従事者の人数が限られます。このため、救急救命士や救急隊員と連携する体制の構築が重要です。またドクターヘリに加えて空飛ぶクルマが追加された場合、フライトドクターの派遣元、および、傷病者搬送先の病院側の人員と患者受入体制の拡充が必要です。

ポイント

⊙空飛ぶクルマは、医師のみが傷病者の元に急行し初期治療を行う使い方により、現在のドクターヘリの問題を緩和できる可能性が高い。
⊙医療での空飛ぶクルマの利用はフライトドクターからのニーズが高いだけでなく、社会的なニーズと受容により、早期の実現が期待されている。

2-5 地域医師派遣

日本の山間部や離島といった僻地での医師不足は深刻です。地域医療振興協会によると、平成30年実績では医師を僻地などに年間延べ3176日、派遣しています[19]。

日本では医師の人数の地域格差を埋めるため、中核病院が地域医療を支えています。そのなかで、医師が中核病院から僻地へ移動するときに多くの時間を費やしているという課題があります。例えば、北海道のあるタクシー会社へのインタビュー調査によると北海道札幌市からA町への医師派遣では、片道の移動に2時間・往復4時間近く時間がかかっているそうです（**図2-5-1**）。医師は有限かつ貴重な社会資源であるにもかかわらず、長い時間を移動に費やしていることを意味します。

空飛ぶクルマによって、地域中核病院から僻地の病院・診療所へ高速で医師を派遣できれば、移動にかかっていた時間を診療に費やすことができ、より多くの患者を診ることができます（**図2-5-2**）。また、現在は1日1地域しか派遣できないことが多いですが、複数地域も診療可能になると考えられ、地方を中心とする医師不足を緩和する策となり得ます。

さらに、医師間のバックアップ体制の構築にも貢献すると考えられます。例えば、沖縄県西表島でのインタビュー調査では、離島の診療所で1人の医師が実質上24時間体制で対応しているため心理的・身体的なストレスが高いことがわかりました。空飛ぶクルマの活用による離島へのサポート体制が構築できれば、医師の負担を軽減するとともに、過酷な労働環境を改善できるため、今後、さらに多

区間	派遣先	距離・時間(片道)	頻度
1. 札幌↔A	A診療所	80km 110分	月2回
2. 札幌↔B	B診療所	110km 100分	2カ月に1回
3. 札幌↔C	Cクリニック	40km 50分	月1回

図2-5-1 タクシーによる医師派遣例（2018年）

医師は有限かつ貴重な社会資源にもかかわらず、診療よりも長い時間を移動に費やしている。

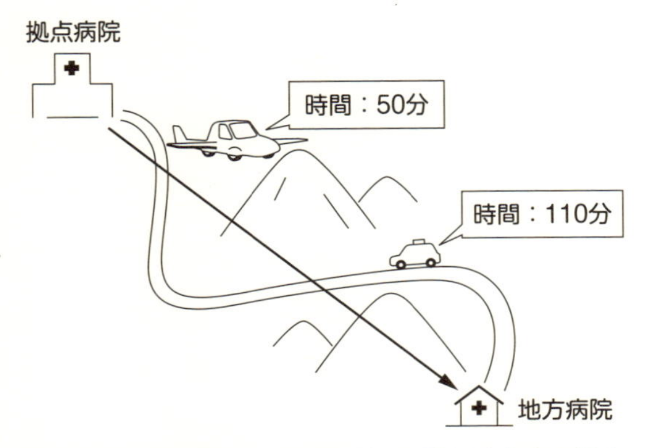

図 2-5-2　空飛ぶクルマで医師などを派遣する場合のイメージマップ

高速道路から遠い診療所を中心に、空飛ぶクルマによる医師派遣を事業化できる可能性がある。

くの医師を確保しやすくなることも期待できます。

経済面でもメリットがあります。現在の医師派遣は移動時間が長く、チャーターになるためタクシー運転手を１日中拘束することで、費用も高額になります。しかし、空飛ぶクルマで高速に移動できれば、運転手の稼働率を上げることができ、より安価な医師派遣を実現できると期待されています。

機体の要求仕様としては運転手と医師の２人乗りで十分です。また北海道の大部分のように渋滞のないところでは、自動車と比較して移動時間で優位性を出すには時速200km以上の飛行速度が必要です。さらに、定期的に決まった場所に離着陸するため、騒音問題の解決や高い就航率（第５章２節）が必要です。

ポイント

⊙空飛ぶクルマによる地域への医師派遣は、移動時間の短縮、および、医師のバックアップ体制に役立ち、医師不足緩和に寄与する。

2-6 ビジネス用途の地方都市間交通

日本における移動課題として、「地方都市間の移動が不便」なことが挙げられます。地方空港からの航路の多くは羽田など主要空港を結ぶルートに限られています。

企業活動において、他の都市の自社事業所や工場、取引先などを訪問するときに時間がかかり、効率的に移動できない現状が見られます（**図 2-6-1**）。これは、地方への企業誘致を困難にして、地方創生の阻害要因の一つになっているとも言えます。例えば、鳥取県には鳥取空港と米子空港がありますが、それぞれ羽田路線のみとなっています（**図 2-6-2**）。そして羽田空港まで1時間20分に対し、大阪まで特急電車で2時間半かかります。鳥取から萩までは実質的に1日3本で、合計5時間～5時間半かかります（「JR特急スーパーおき・新山口行」（1日2本）または「特急スーパーまつかぜ・益田行」（1日7本のうちの1本）に乗車し、益

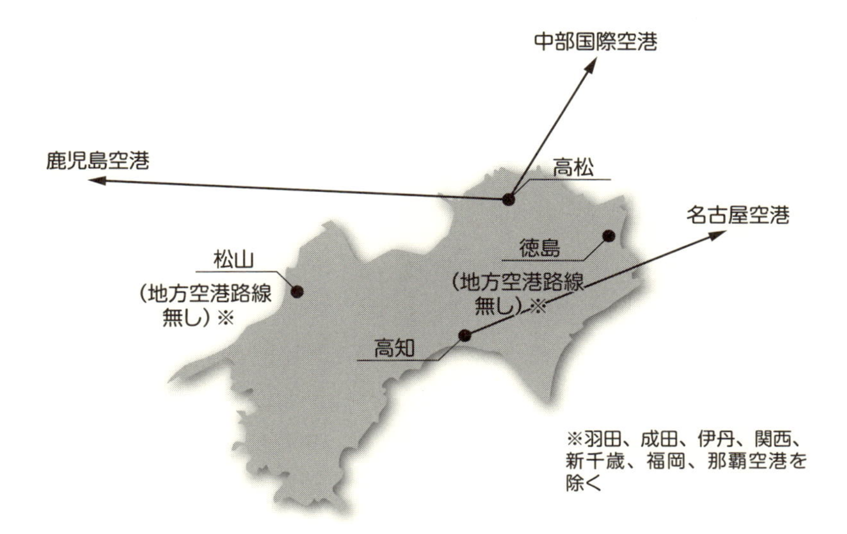

図 2-6-1　地域空港ネットワークの例：四国からそれ以外の地方空港[20]

羽田を介さず地方都市間を結ぶ航空路は限られており、地方間の移動が不便。例えば四国に所在する4空港からその他の地方空港（羽田、成田、伊丹、関西、新千歳、福岡、那覇を除く空港）へのアクセスは3路線に限られている（平成29年現在）。

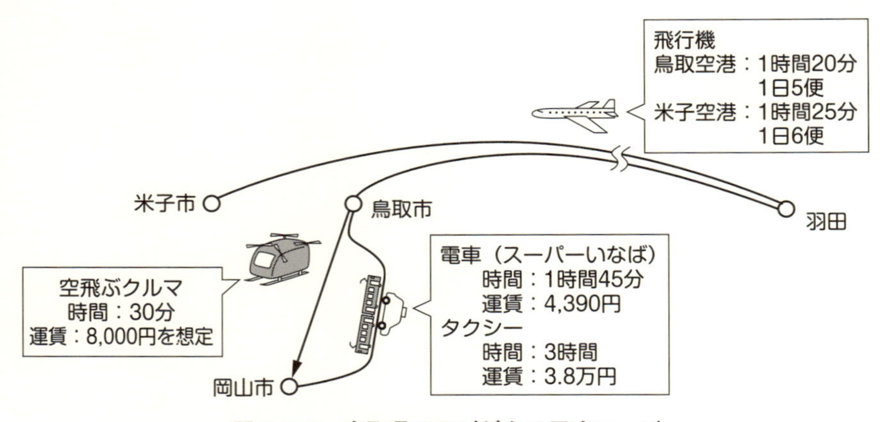

図 2-6-2　鳥取県でのビジネス用途ニーズ

鳥取県からは羽田しか航空路線がなく、山陽地方に行きにくい。2人乗りの空飛ぶクルマで岡山まで行き飛行機を利用できれば、新たなビジネス需要の可能性が生まれる。

田駅で乗り継ぎます）。特に山陽地方へのアクセスが非常に悪い状況です。岡山までは、車では中国山地を越えるのが一苦労で3時間かかり、タクシー料金は約3.8万円です。電車はスーパーいなばで1時間45分、普通自由席4390円、便数は1日6本にとどまります。

また、例えば松山から福岡への日帰り出張では、飛行機の場合、行きは午前9時30分頃に福岡空港へ到着し、帰りは午後4時50分頃に福岡空港発の最終便で帰る必要があり、会議の時間が十分に取れないという声も聞きます。首都圏から地方に企業や人を呼び込むことが政府の施策として目指されていますが、そのためには人々の移動を支える交通網の充実が重要となります。

ビジネス用途の空飛ぶクルマは乗客2人とパイロットの3人乗りの社用機とし、例えば県内外の工場や事業所へ日帰り出張をしたり、地方都市への路線がある空港や新幹線停車駅へ飛んで、主要都市へ向かう飛行機や新幹線に乗り換えたりするような使い方が考えられます。鳥取市経済観光部や鳥取商工会議所へのインタビューによると、2人乗りの空飛ぶクルマで岡山空港まで30分で行き、飛行機が利用できれば「ビジネスに便利になる」として、例えば運賃8000円であればぜひ利用したいとの意見がありました。

空飛ぶクルマはこのように現在の交通網を拡充することができます。既存の公共交通機関との接続により、地方都市間の移動、さらには東京など主要都市への移動も容易になります。地方都市間交通の利便性向上により、地方への産業誘致が促進される他、本社と地方事業所のコミュニケーションの質向上、地方移住や二地域居住の促進につながる可能性もあります。

今後の開発課題としては、例えば、120km 程度の比較的長距離の航続、標高約1200～1300m 程度の山越えの対応、風や雲がある気象条件下でも離着陸ができる自動操縦技術などの機体技術が重要となります。インフラとしては、既存交通網とシームレスに接続するため、例えば新幹線の駅の建物屋上などに離着陸場の整備が望まれます（第4章5節で詳しく説明）。また、利用者が使いたいときに使えるよう 95 %程度の就航率（第5章2節）を確保するため、機体技術の向上とインフラの整備が必要となります。

ポイント

- ⊙空飛ぶクルマが既存の公共交通機関と接続すると、地方都市間の移動、さらには東京など主要都市への移動が容易になる。その結果、地方への産業誘致が促進されるなど地方創生につながる可能性がある。
- ⊙航続距離の伸長や自動操縦など機体技術の向上、インフラの整備、95 %程度の就航率の確保などが必要となる。

2-7 観光・レジャービジネスのツール

観光には、(1) 空港や駅から観光地までの移動、(2) 観光地間の移動、(3) 観光地における遊覧、の３つがユースケースとして考えられます。本節では (3) について説明します。

北海道や沖縄などの観光地では、空を使った様々なレジャービジネスが実施されています。例えば北海道の富良野町では、夏の期間を中心にヘリコプターによる遊覧飛行（3分、5000円）、気球体験フライト（5分、2700円）、モーターパラグライダー（2人乗り）遊覧（30分、1万2000円）が実施されています。空飛ぶクルマ研究ラボの現地調査（**図 2-7-1、2-7-2**）によると、ドローンによる空撮が普及することで、今まで見られなかった上空からの景色が見られるようになり、実際に、その光景を見たいというニーズが高まって、これらのレジャーも人気を集めているそうです。

一方、前述の調査で既存のヘリコプター、気球、モーターパラグライダーによる遊覧は、「就航率とサービス提供価格で課題がある」とも聞いています。例えば、モーターパラグライダーは風の影響を大きく受けるため就航率は50％程度で、2

図 2-7-1、2-7-2

（左）北海道調査時のモーターパラグライダー、（右）雲の影響がわかる（写っているのは空飛ぶクルマ研究ラボメンバー。実際に試乗して飛行高度などを検討した）。

回に１回は搭乗できません。また、ヘリコプターは機体のメンテナンス費が高く、さらに、搭乗客２名の場合は、パイロット１名の人件費が必要となるためコストが高くなっています。

一方、空飛ぶクルマの場合、「電動でメンテナンス費用が低いこと」「自動運転（パイロット無し）」が期待されるため、課題の一つである価格面は解決できる可能性があります。また、「観光客が操縦できる」という新たな価値を観光ビジネスに付加できる可能性があります。例えば、海外では湖の上を観光客が空飛ぶクルマを運転して低空でフラフラと飛ぶ新しいレジャーが話題になっています。自動車免許を取得する程度の労力で容易に簡易型パイロット免許が取得できると期待されています（**図 2-7-3**）。

観光・レジャーツールとしての空飛ぶクルマは、機体サイズが小さく、航続距離も 10〜20km 程度の短距離が見込まれることから既存技術で実現できる可能性が考えられます。このため最初のユースケースとして有力と見られています。

一方、いくつかの飛行条件を満たす必要もあります。遊覧利用では、地上から 100m 以下であれば、景観がよく見えてうれしいでしょう。しかし、既存のドロ

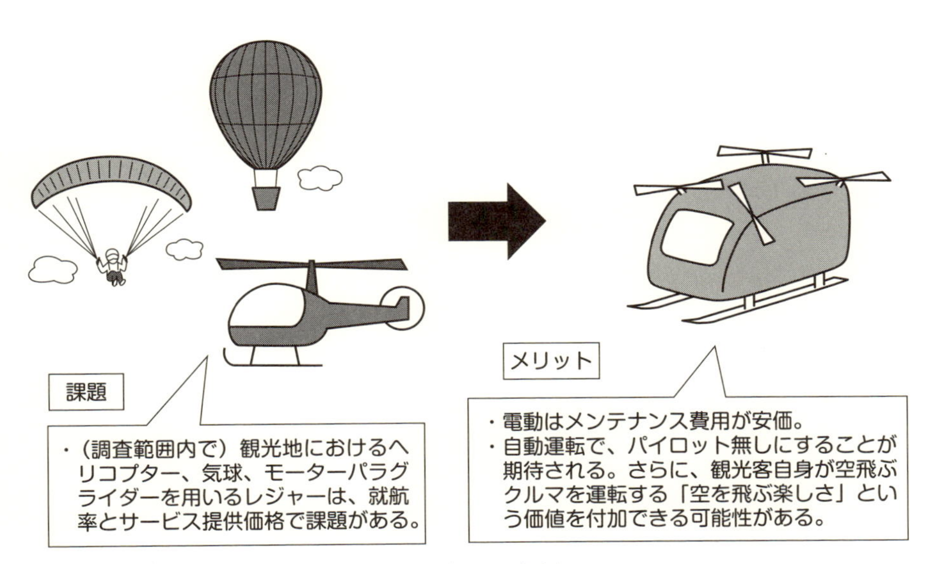

図 2-7-3　観光・レジャービジネスのメリット

観光・レジャーの空飛ぶクルマはサービス提供価格の課題を解決する可能性がある。

ーンの運航ルールによると、自由な飛行可能空域は地上から150m以下で、空飛ぶクルマとドローンの空域が重複するため、新たにルールを検討する必要があります。雲の影響があれば、さらに低空飛空しなければなりません。一方、空中で機体トラブルが生じた際、地上に無事下りるためには地上から100mの高さでは低すぎるという技術的な問題があります（第2章に説明します）。

また、観光客が自分で運転する場合には、運転ミスによる事故を防ぐための安全装備や補償などについても議論が必要になります。

地上インフラについては、観光客の離着陸場に加え、充電や整備に関わる設備が必要となります。現行の航空法では、飛行の都度、整備・点検をする必要があり、どこまで自動、または遠隔操縦が可能であるかも重要な検討事項となります。このように、実現へ向けての検討事項はありますが、他の用途よりハードルは低いと考えられます。

空飛ぶクルマを活用して、安価かつ、安定した運航によって気軽に景勝地を回ることができれば、地方の観光ビジネスを活性化していく起爆剤となり得る可能性があります。地方創生のツールとして広く活用されることも期待されます。

ただし、観光地の宿泊施設にとって、現地までの移動時間の短縮や観光地間の移動への期待はそれほど高くありません。早く移動できることによって、宿泊する必要がなくなるからです。温泉などがない宿泊地では「夜行性の動物を観る」などのナイトツアーや、「マングローブでの早朝ヨガ」という早朝イベントなど、宿泊地として選ばれるための工夫が必要になるでしょう。

＊本節の空飛ぶクルマ研究ラボの研究の一部は「JAXA航空技術イノベーションチャレンジ2018」の助成によるものです。

ポイント

◉観光・レジャーツールとしての空飛ぶクルマは、機体サイズが小さく、航続距離もおよそ10〜20km程度の短距離が見込まれ、既存技術で実現できる可能性が考えられる。

◉空飛ぶクルマを活用して、安価かつ、安定した運航によって気軽に景勝地を回ることができれば、地方の観光ビジネスを活性化していく起爆剤となり得る。

2-8 離島交通

日本には多くの有人島がありますが、本土や他の島を繋ぐ交通機関は限られています。離島での日常生活や観光、医療など、さまざまな用途で空飛ぶクルマの活用が期待できます。

日本の416の有人島[21]の人々は、船や航空機で本土や他の島へ移動しています。しかし、住民にとっては航路数や便数、就航率が、フェリー会社にとっては離島航路の事業継続性などが問題となっています。

航路数について、例えば琉球列島の最南端に位置する竹富町は、石垣島の南西に点在する16の島々からなる自治体です[22]が、航路の利便性が理由で町役場は石垣島に置いています。石垣島は各島と行き来する航路の拠点であり、住民や役場職員の移動が容易なためです。便数の例では、西表島の住民は、生活用品の購入や美容室に行くためなど、月に数回の頻度で石垣島を訪れますが、船の発着時間は始発便が7時頃から最終便は18時半で、それを考慮すると石垣島での滞在時間は8時から17時くらいに限られます。また西表島には高校がありませんが、石垣島への通学は便数の制約で不可能なため、若者の島外流出、ひいては労働力流出につながっているそうです。

就航率について、八重山諸島のある島の例では石垣島からの航路がありますが、台風の時期や北風が強い11月から2月の間は欠航することが多く、地元の売店にも物資が届かなくなるため生活に支障が出ている状態です。また、住民はほとんど民宿で生計を立てているため、観光客が来なくなると収入が得られず、他の島との経済格差が生じています。航路運営事業については、離島航路は全国に296航路[23]存在し、離島の住民の日常生活や地域経済に欠かせない交通手段ですが、輸送人員がこの20年で約3割減少する[23]など、フェリー会社や自治体にとって厳しい経営環境にあり、航路維持が困難な状況となっています。

空飛ぶクルマは、例えば沖縄の八重山諸島では離島内外を周遊するレジャー用途や、離島の救命救急医療体制を支援する医療用途、離島間における空飛ぶタクシー用途などに活用できると考えます。このように空飛ぶクルマにより離島交通が拡充されると、住民の利便性が高まり安定的に居住できる他、移住者やインバウンド（外国人の訪日旅行）を含めた観光客をより多く呼び込める可能性があります。

「空の移動革命に向けたロードマップ」では社会での実現の順番として、まず離島を含めた地方部、その後、都市部を考えています。また海上では陸上と比べて低高度を飛行できるため、気象条件が問題となりにくく、就航率（第5章2節）、すなわち事業性を高めやすい利点があります。現行の航空法では、最低安全高度を市街地上空では「水平距離600mの範囲内の最も高い障害物の上端から300m」、水上では「人又は物件から150m」と定められています。

今後の開発課題としては、機体は水上飛行時に落下した場合に備えて、フロート（浮き袋）を装備することが望まれます。また海上は風が比較的強く、山がちの島は雲が発生しやすいため、風や雲がある気象条件下でも離着陸できるよう、機体とインフラの対応が望まれます。さらにヘリコプターと同じように、塩害対策として機体洗浄装置や格納庫の設置が求められます。

また離島はそれぞれ地理特性や気象特性、社会特性が異なるため、事業面ではステークホルダー（**図2-8-1**）へのインタビュー調査と参与観察により、交通システムと事業における課題の実情を明らかにすることが重要です。そのうえで市場調査によって得られた機体に対する要求仕様を踏まえて、地上インフラを含めたビジネスモデルの具体化を行うとよいと考えます。例えば離島レジャー用途の場合、離島観光で消費を拡大させるには島に宿泊してもらう必要があるため、観光事業者は機体を導入するのみでなく、離島での宿泊ニーズを高めるビジネスプランの立案も併せて必要となります。

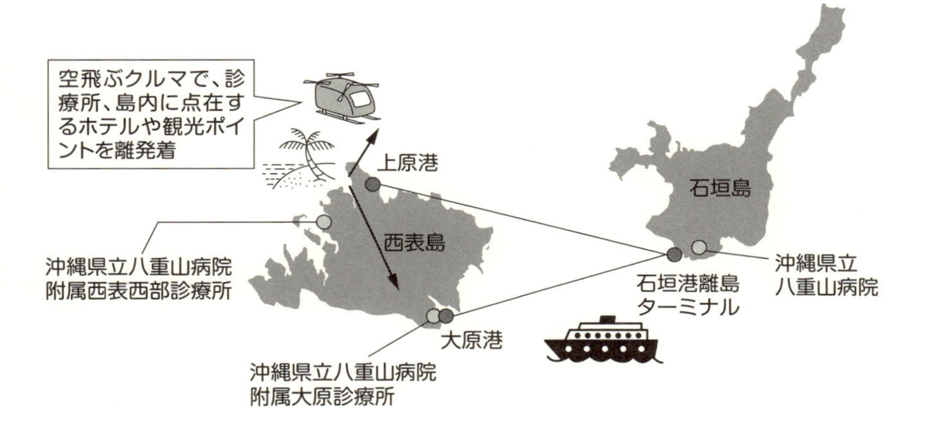

図 2-8-1　空飛ぶクルマ研究ラボが実施した沖縄市場調査

機体・インフラ開発とともに、島での交通システムと事業の課題を踏まえたビジネスプランの立案が必要となる

ポイント

⊙離島交通の拡充により、安定的な居住や、移住者や観光客などの呼び込みにつながる可能性がある。

⊙空飛ぶクルマによる離島交通は安全性と騒音の観点から早期実現が見込める。風や雲がある気象条件下でも離着陸できる技術や塩害対策のインフラ、観光事業者などのビジネスプラン立案が必要となる。

インタビュー

救命救急医療における空飛ぶクルマへの期待

日本医科大学救急医学教授　**松本 尚氏**

2001年、国内の救命救急医療においてドクターヘリを導入し始めた時期から、松本医師はフライトドクターとして活躍し、全国に事業を確立させました。そんな松本医師は医療界でいち早く空飛ぶクルマの利便性と可能性を見抜き、支援を表明しています。その期待と助言をお聞きしました。

基幹産業にしていく熱量と気概はありますか？

社会にイノベーション（革新的な変化）を起こすときは、営利目的の企業ビジネスモデルより公共性のある医療関連のモデルのほうが規制緩和されやすく、社会受容性も高まるでしょう。「医療はイノベーションの突破口になりやすい」、そう考えるからこそ、救命救急医療での空飛ぶクルマの利活用を支援しています。実際に空飛ぶクルマが飛び始めたとき、「便利だね」「安全に飛ぶんだね」と国民から声が上がってくれれば、次のビジネスモデルは自然と出てくるでしょう。

日本のものづくりは世界一です。そんな一流の技術者が開発する空飛ぶクルマは日本の基幹産業にしなければならないと思います。「空飛ぶクルマを日本の基幹産業にしていくぞ」と一丸となれば、企業は資金を投じ、行政は規制を緩和し、国民はそれを理解し見守るようになるでしょう。しかし、いま静観のスタンスを取っている企業を含めて、すべてのステークホルダーのみなさんにその熱量と気概はありますかと問いたい。その覚悟がなければ、他国に主導権を握られ、日本は今後、空飛ぶクルマを高額で輸入することになります。

新しいツールのシステムはゼロから組み立てる

私どもはドクターヘリ事業を国内に根付かせるために20年かけて普及活動をしてきました。しかし、空飛ぶクルマは「ドクターヘリの補完でなく、置換（取って替わる）で」と考えています。「ドクターヘリの仕組みを壊してもいい」と言うと、若手医師から怒られますが、私はそういう覚悟を持って支援しています。

新しいツール（道具）ができるときは古いものとの融合も考えますが、別の特徴に目を向けてどう生かせるかという視点で、ゼロから組み立てていくべきです。

医療における空飛ぶクルマの利活用については、ドクターヘリを普及させたときと同様に、僻地や離島からどうやって患者を病院へ搬送するかではなく、「少しでも早く、医師が患者のいる現場へ行けるか」という発想で考えます。機体仕様やインフラ設備などについて、医師からの要望はありません。医師は医療器材さえあれば、どこへでも行きます。空飛ぶクルマを医療に使うからといって特別な仕様にしてしまうと、医療以外の用途で普及しません。ただし１点だけ、パイロットがいたほうがありがたいので、乗員人数は２人乗りがいいでしょう。医師は治療だけに専念したいからです。

安全性の議論もとても重要ですが、100％担保するまでと言っていたら時間がかかり過ぎます。それでいて、一人も死なせない覚悟を持つ。そこがものづくりでは大事でしょう。

松本尚（まつもと・ひさし）
1987年金沢大学医学部卒業。同大学附属病院、黒部市民病院などで消化器外科医として勤務後、1995年から救急医療に従事。2001年から日本医科大学千葉北総病院救命救急センターでドクターヘリのフライトドクターとして活躍するかたわら、国内のドクターヘリ普及にも尽力した。2014年から現職。ドラマ・映画「コード・ブルー―ドクターヘリ緊急救命―」の医療監修のほか、ドキュメンタリー番組に多数出演。専門は外傷外科学・救急医学・災害医学・消化器外科学。

第3章

機体と要素技術

本章では、機体設計の重要な要素技術について取り上げます。現在は技術開発の途上であり、まだ正解は分かっていません。機体構造・バッテリー・制御・安全性・騒音問題などの項目について、何が課題でどのような対策が考えられつつあるか解説します。

3-1 空飛ぶクルマの種類

空飛ぶクルマは主に「マルチコプタータイプ」と「固定翼付きタイプ」に分けられ、それぞれメリットとデメリットがあります。この二つの機体の種類について解説します。

第1章や第2章で詳しく紹介したように、空飛ぶクルマは様々な用途での利用が期待されていますが、それぞれのシーンによって求められる性能や機能は異なります。

例えば、ドクターヘリのような救命救急医療では、医師が現場に15分以内に到着することが求められます。このため、50kmを超える長距離飛行の必要性は低く、どこでも降りられるよう極力コンパクトな機体であることが求められます。一方、地方都市間や離島の交通では、50km以上の航続距離が必要であることが多く、それに伴って短時間での移動を実現するため、最高速度の要求も救命救急医療よりも高くなります。これらの要求に対する機体の種類は異なり、主に「マルチコプタータイプ（ドローンのように複数のプロペラのみを持つタイプ）」と「固定翼付きタイプ（飛行機のように羽を持ったタイプ）」に分けられ、さらに両者に対する地上走行能力の有無によって車輪あり・なしのものが開発されています（車輪なしの場合は着陸のためのスキッドを備えています）。

それぞれの飛行原理を簡単に説明します。マルチコプタータイプはプロペラが回転する際に生み出す揚力で浮上し、複数のプロペラの回転数をコントロールすることで揚力バランスを取り、飛行姿勢を制御します。ある方向に移動したい時は、その方向に機体の姿勢を傾けることで、浮上に使う力の一部を水平移動の力に使います。一方、固定翼付きタイプは、垂直に離着陸するための原理はマルチコプタータイプと同様ですが、水平に巡行する際の原理が異なります。こちらはプロペラ付きの飛行機と同様で、前を向いたプロペラによって機体の前進力を生み出します。その際に生まれる大気との速度差によって、固定翼が上向きの揚力を生み出し、これにより上向きのプロペラがなくても浮上することが可能となるわけです。

両者のメリット・デメリットを右の表に整理します（**図3-1-1**）。マルチコプタ

	マルチコプタータイプ (EHang 184など)	固定翼付きタイプ (Terrafugia TF-Xなど)
メリット	・構造が簡素で低コスト ・比較的コンパクト	・飛行効率が良い ・高速、長距離飛行も可能 ・万一の時も一定の滑空が可能
デメリット	・飛行効率が悪い ・滑空能力はない	・垂直離着陸から水平飛行への遷移制御の難度が高い ・サイズが大きい

図 3-1-1　機体タイプによるメリット・デメリット
それぞれのメリット・デメリットを理解しておく必要がある。

ータイプのメリットは、構造が簡素でコストを低く抑えられること、コンパクトなサイズにできることです。一方、デメリットは、浮上力を常に発生させるため全てのプロペラを回し続けなければならず、飛行効率が悪いことです。固定翼がないため、万一のプロペラ故障時に滑空することは不可能です。さらの機体の傾きで飛行速度が決まるため、乗員の姿勢や制御の限界から高速飛行は困難で、時速 100km 程度が限界です。

固定翼付きタイプは、前進時に揚力が生み出されることから飛行効率が良く、前進用のプロペラで速度が決まるため、時速 200〜300km の高速飛行も可能です。デメリットとしては、垂直離着陸から水平巡行に移る際の姿勢制御の難度が高いこと、固定翼がある分、機体サイズや重量が増加することが挙げられます。

ポイント

◎用途に応じて要求される性能や仕様が異なり、主に短距離用にマルチコプタータイプ、中長距離用に固定翼付きタイプが選択されている。
◎それぞれの長所・短所を理解して開発・採用する必要がある。

3-2 マルチコプタータイプの構造

マルチコプタータイプと固定翼付きタイプは、両者の飛行原理が異なるため、機体構造にも当然、差異があります。ただし、垂直離着陸の機能と構造はどちらもほぼ共通です。

まず、マルチコプタータイプについて説明します。ドローンと同様の要素となる部品について、それぞれの役割を下のイラストで簡単に示します（**図 3-2-1**）。飛行時の姿勢制御の流れは以下の通りです。

(1) 人間の頭脳に当たるコンピュータ部分（「フライトコントローラ」と呼ばれる）が、現在の姿勢と目標の姿勢の差から、揚力を調整すべきモーターに対して回転数変更の指令を出します。

(2) モーターごとに備えられたアンプが、バッテリーからモーターへ送る電力量を調整します。

(3) モーターはそれを受けて回転数を変化させます。その結果、モーターと繋がっているプロペラの回転数が変わります。

(4) これが複数のプロペラに対して同時に行われ、その結果、姿勢が決まります。

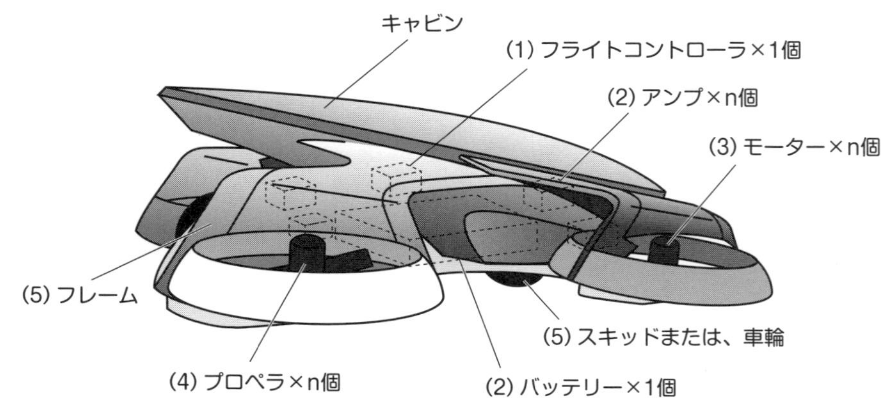

図 3-2-1　マルチコプタータイプの機体の構造
（CARTIVATOR／SkyDrive より許諾済み）

機体の隅にプロペラを配置し、その中心部に人を配置するタイプが多い。

ここで目標姿勢にならなかった場合は、何度か修正をかけ、最終的に目標姿勢と一致するようにコンピュータで自動的に制御します。

(5) 機体のハードウェアには、プロペラやアンプなどを固定するためのフレーム、そして着地の際に必要な人間の足に当たるスキッド、もしくは車輪が必要となります。スキッドは通常着陸時は機体を支えるものですが、緊急時の着陸の際は自身が潰れることで衝撃を和らげます。ここまでがドローンとの共通部分です。

空飛ぶクルマは人を乗せるため、いくつかの要素が追加されます。

まずは、キャビンと呼ばれる乗員が乗る居室空間部分で万一、地面と衝突した場合に乗員を守るための強度が必要です。キャビンと前述のスキッドの強度バランスは設計上のポイントです。パイロットが操縦する場合、方向や速度、高度を決めるための操縦系や機体の状態、飛行位置などを知るための計器類も必要です。空飛ぶクルマでは、現在のヘリコプターより多くの機体が飛ぶようになることが想定されており、多くの人が操縦できるよう、より簡便に操作できることが期待されています。さらに、操縦系とモーターが電気的に接続され、設計自由度が高いことから、操縦系についてはボタンやジョイスティックなど様々な選択肢が検討されています。計器類についても、従来の航空機のようにボタンや計器が所狭しと並ぶイメージではなく、一つの画面上に全てが表示されるようなコンセプトを各社が提示しています（第3章12節も参照のこと）。

また、構造的にはドローンと近いですが、人を乗せるために重量が大きくなることは見逃せない要素です。この弊害は多々ありますが、特に、機体の動きが鈍くなることで姿勢制御の応答も鈍くなるため、開発の難度が増す点は無視できず、各社が試験飛行に苦労している大きな要因の一つと考えられます。

ポイント

⊙マルチコプタータイプと固定翼付きタイプで共通となる垂直離着陸部分に関しては、基本的にはドローンと同じ構成。

⊙人が乗る前提であるため、乗員を保護する工夫が必要であり、また重量増加に伴う制御の困難性などの課題がある。

3-3 固定翼付きタイプの構造

前項にて、マルチコプターと固定翼付きタイプの共通部分となる垂直離着陸機構の構造を説明しました。ここでは固定翼付きタイプ固有の部分に絞って解説します。

このタイプは大きく、垂直離着陸と水平飛行の2つの機能を同一のプロペラで行うか、別々のプロペラで行うかに分けられます。前者はプロペラを傾けるティルト機構が主流で、プロペラのみを傾けるか、固定翼ごと傾けるかによって分かれます。このため、狙いによって異なる3種類の使い分けがあります（**図 3-3-1**）。

・ティルトローータータイプ

プロペラの傾きのみを変えて、垂直離着陸と水平飛行の両方に対応するタイプ。固定翼を動かさないため、構造が簡素で、重量増加も最小限に抑えられる点が利点です。一方、短所としては、垂直離着陸時にプロペラから吹き下ろした風が固定翼に当たって流れにくくなるため、空気力学的な効率はあまり良くないとされます。なおプロペラは推進に使うものでローターは一般的に回転するものですが、ここでは同じものを指します（**図 3-3-2**）。

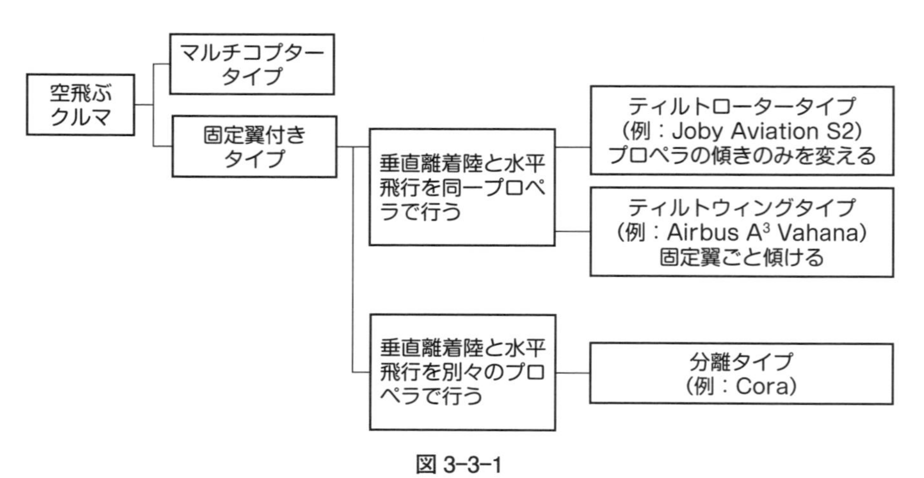

図 3-3-1

固定翼付きタイプは、垂直離着陸と水平飛行の実現方法によって種類が分かれる。

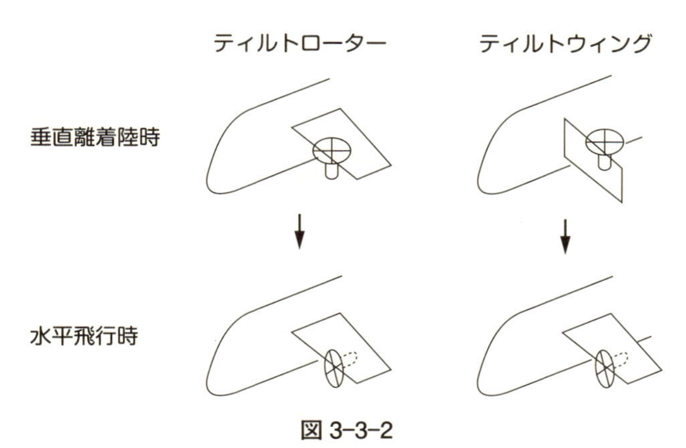

図 3-3-2

ティルトローターはローターのみが傾斜するのに対し、ティルトウイングは固定翼全体を傾斜させる。

・ティルトウィングタイプ

固定翼の角度も含めて一体で傾きを変えるタイプ。前述の短所を解決できる一方、重量のかさむ固定翼を可動させるため、その強度が必要となり、全体の機構としても重くなります。また、垂直離着陸から水平飛行、その逆の遷移状態における機体姿勢制御や、パイロットによる操作方法の切り替えが難しく、ティルトロータータイプと併せてチャレンジングな開発要素となります。

・分離タイプ

垂直離着陸と水平飛行の２つの機能に対して同一のプロペラで実現するのではなく、それぞれにプロペラを備えるタイプです。可動部分を持つ必要がないため、構造としてシンプルに設計でき、遷移状態の制御の難しさが生じないという利点があります。一方、単純に部品点数が増えることから、コストや重量増に繋がるというデメリットもあります。

ポイント

⊙固定翼付きタイプにもティルトローターやティルトウィングなど複数の種類があり、狙いによって使い分ける必要がある。

⊙ティルト式のものは部品点数を比較的抑えられるものの、垂直離着陸と水平飛行の遷移に必要な制御が難しい。

3-4 電動化が進む背景

CO_2 削減目標を達成するため、航空機に電動化の波が押し寄せており、空飛ぶクルマは導入に向けた先駆けの役割が期待されています。電動航空機では欧州が一歩先を走りますが、空飛ぶクルマはどうなるでしょうか。

2010年代半ばまで、空飛ぶクルマの開発を手がける会社は数社のみで、タイプとしては従来のエンジンを積んだ小型飛行機に、車輪を付けたようなものでした。2010年代後半から、バッテリーと電動モーターで飛行するタイプの空飛ぶクルマが増え、近年はこちらが主流になっています。

その背景には、「CO_2 削減に向けた社会的要請」と「バッテリーなどの技術革新」があります。前者は、航空業界全体で2050年までに2005年比で CO_2 排出量を半分とする目標が設定されています。（**図3-4-1**）。航空旅客需要が今後20年で約2倍になると見込まれる中、もはや従来の燃費技術の改良だけでは不十分で、抜本策として電動化に期待が寄せられるようになりました。最終的な大型旅客機などへの適用に向けて、まず、空飛ぶクルマを含む小型機で短期的に実現していくことが望まれています。国内では、JAXA（宇宙航空研究開発機構）が「航空機電動化（ECLAIR：エクレア）コンソーシアム」という取り組みを始め、様々な組織を巻き込んで航空機電動化の技術開発を推進中です。空飛ぶクルマ研究ラ

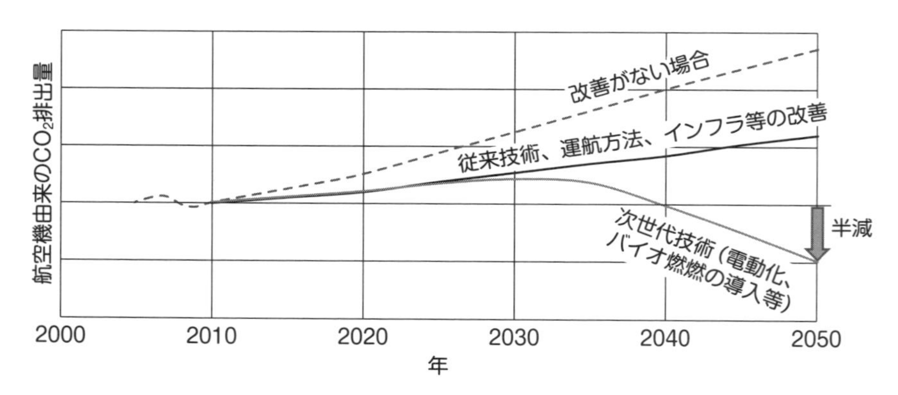

図 3-4-1　航空機由来の CO_2 排出量の削減シナリオ[(1)]

CO_2 排出量半減目標に向け、従来技術の発展のみならず、電動化が必要。

ボもサブグループのリーダーとして参画しています。

また、後者の技術革新としては、半導体技術や新素材の技術開発により、実用に耐えるレベルの電気・電子部品が低価格で市場に出回るようになってきました。これらを受けて、自動車と同様、航空機でも電動化の波が押し寄せています。

エンジン型との具体的な構造の差は、主に、従来使われてきたエンジンを電動モーターに、燃料をバッテリーに置換するところですが、それに伴う大きな変化は駆動系と呼ばれるギヤやリンク類がなくなり、電気・電子制御に替わるところです。この簡素化により機体コストや整備コストの大幅な低減が期待され、さらに設計自由度の向上により、様々なタイプの機体設計が可能になり、また自動操縦への発展のしやすさにも繋がります。一方、航空機に使用するバッテリーやモーターは、軽量で高出力、高容量の必要があり、それに伴って制御用の半導体部品にも高信頼性や大電流対応が求められます。自動車の電動化によって急速に進んでいる分野ではありますが、航空機用の場合、より低い故障率や、より軽量化する必要があるなど、一段上のレベルが求められます。

現在は電動航空機で先んじる欧州に分がある状態ですが、このあたりは半導体部品やモーターなどの要素技術を磨いてきた日本が得意とする領域であり、今後の巻き返しが期待されています。

ポイント

◉CO_2削減要求と電動部品の技術革新により、2010年代後半から電動化の流れが来ている。コスト面でも部品点数の低減による大幅削減が期待されている。

◉日本でもJAXAが航空機電動化（ECLAIR）コンソーシアムを立ち上げるなど、日本が得意とする半導体部品やモーターなどの要素技術の開発加速を進めようとしている。

3-5 バッテリー

これまでの説明の通り、用途によって求められる機体性能は異なりますが、一例として主流となっているリチウムイオンバッテリーについて説明します。

空飛ぶクルマ研究ラボの調査によると、航続距離 100km 程度、飛行高度 300～600m、時速 200～300km 程度の運航を、固定翼付きの機体で行う前提において、必要となるバッテリーの性能は、重量出力密度（単位重量あたりに出せる出力の密度）で 800～1000W/kg、重量エネルギー密度（単位重量あたりに蓄えられるエネルギーの密度）で 300～400Wh/kg です。重量出力密度は、現在の電気自動車用リチウムイオンバッテリーで既に実現しているレベルであるのに対し、重量エネルギー密度は現在の電気自動車用リチウムイオンバッテリーの 2 倍以上の性能となっています。これは軽さが求められる航空機ゆえの厳しい要求です。電動の航空機自体が開発途上である現時点において、その要求を満たすような量産可能なバッテリーはないと言えるでしょう。

さらに、バッテリーパック単体での性能は満たしたとしても、空の上では地上の自動車以上の安全性が求められるため、衝撃やダメージからの保護構造なども必要で、それらを含めた重量という観点では、その要求への達成には未知な部分が残っています。特に、発火や電源喪失といった事象は、飛行中においては非常に危険な状況になるため、地上で使うものより高いレベルでの安全性・信頼性が要求されることを肝に命じる必要があります。

また、将来に目を向けた場合、様々な方式の電池が提案されています（**図 3-5-1**）。時系列では、リチウムイオン電池の次に来るのが「リチウム固体電池」で、リチウムイオン電池の 2 倍程度の重量エネルギー密度が期待されています（**図 3-5-2**）。さらに、「リチウム気体電池」は、現在の 3～4 倍を目標として置かれていて、それらが実現されれば、米国の都市間を結ぶような使い方（飛行距離数百 km 程度の運航）も見えてくる可能性があります。ただし、それぞれの電池の実現は 2025 年以降、2030 年以降とされており、それ以上の急速な発展は難しいと見られています。

種類	リチウムイオンバッテリー	リチウム固体バッテリー	リチウム気体バッテリー
原理	正極と負極の間に液体の電解質を持ち、リチウムイオンが移動することで充放電が行われる	リチウムイオン電池の液体電解質を固定電解質に置き換えたもの	正極と負極間に液体/固定の電解質がある点は同じだが、正極側の酸素が常に外部から供給される点が特徴
重量エネルギー密度（想定）	～300Wh/kg	～500Wh/kg	>500Wh/kg

図 3-5-1　リチウム電池のタイプ別構造(2)

現在はリチウムイオン電池が主流だが、個体や気体電池の開発も必要。

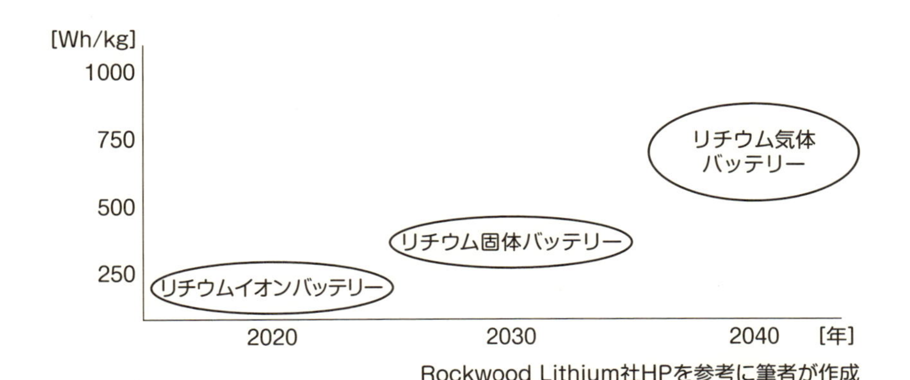

Rockwood Lithium社HPを参考に筆者が作成

図 3-5-2　米国・リチウム製品企業におけるリチウムの時系列予想

リチウムイオン→リチウム固体電池→リチウム気体電池の順に発展が予想される。

ポイント

⊙必要とされる重量エネルギー密度 300～400Wh/kg のバッテリーが使えるようになるには数年の歳月が必要とみられている。2030 年頃には現在の重量エネルギー密度性能の 2～4 倍の向上も見えてくる可能性がある。

3-6 モーター

現在、運航しているドローンや、今後、出現する空飛ぶクルマに使われるモーターの主流は「ブラシレスDCモーター」です。このブラシレスDCモーターを説明する前に、それと相対する「ブラシ付きDCモーター」について簡単に説明します。

ブラシ付きDCモーターは模型用などでよく使われるもので、ブラシと呼ばれる電極と、整流子と呼ばれる電流方向を制御する部品が接触する構造になっています（**図3-6-1**）。効率の良さが特徴ですが、ブラシと整流子が機械的に接触することにより、磨耗しやすく耐久性に劣るというデメリットがあります。一方、ブラシレスDCモーターは電流方向の制御機能をインバーターと呼ばれる電気部品で実現しており、特徴は摩耗部品がないため寿命が長いことです。飛行の信頼性を考えると、ブラシレスDCモーターを選ぶのが妥当と考えます。

次に、ブラシレスDCモーターの中にも、大きく「インナーローター型」と「アウターローター型」と呼ばれる2種類があります（**図3-6-2**）。名前の通り、インナーローター型はローター（回転子）と呼ばれる磁石が内側にあり重量物が中心付近にあるため、回転に必要なエネルギーが小さく、また小型化しやすいで

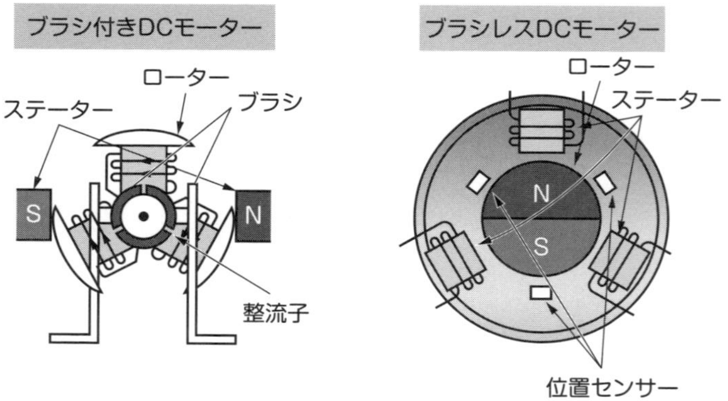

（提供：東芝デバイス＆ストレージ）

図3-6-1　ブラシ付きDCモーターとブラシレスDCモーター
ブラシと呼ばれる摩耗部品の有無により、寿命に差がある。

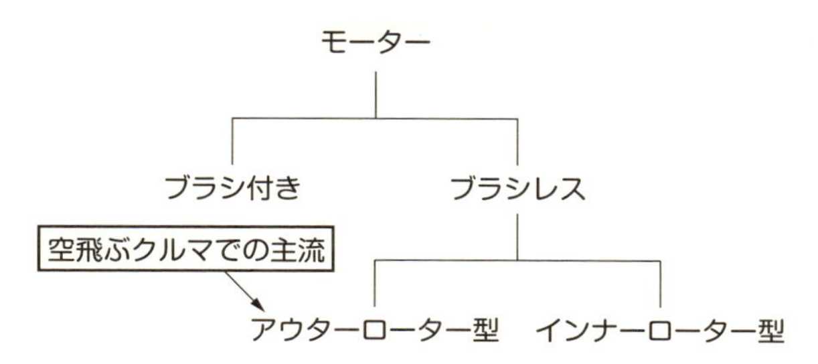

図 3-6-2　インナーローター型とアウターローター型の違い

耐久性と大出力が要求される空飛ぶクルマでは、一般的にブラシレスでアウトローター型を採用する。

す。ただし、小型のままで大きな力を出すには、高性能な磁石が必要となります。

一方、アウターローター型はその逆で、重量物が外側にあるために、インナーローター型に比べると回転に必要なエネルギーが大きくなります。ただし、外側にあることで磁石の大きさを稼ぎやすく、特殊な材料を使わなくても良いという特徴があります。ドローンや空飛ぶクルマでは、小型化を求める場合、インナーローター型を採用するのに対し、こちらのアウターローター型は出力を求める場合に選ばれます。主流はアウターローター型です。なお、航空機用のモーター開発は欧州がリードしています。これは電動航空機が既に市場として立ち上がっているためで、アメリカでもその流れが来つつあります。一方、日本は自動車用モーターはEV（Electric Vehicle、電気自動車）化の流れのなか開発が進んでいますが、より軽量化と高出力、高信頼性が必要となる航空機用モーターの開発にはこれまで消極的でした。これまでの日本の技術蓄積を生かし、本格的に参入しようとする自動車部品メーカーが現れてきたことは喜ばしいことです（航空機電動化（ECLAIR）コンソーシアムなど）。

ポイント

- ⊙耐久性と大出力が要求される空飛ぶクルマでは、一般的にブラシレスDCモーターのアウターローター型を採用。
- ⊙欧州では電動航空機用に開発が進む一方、日本では動きが見られず、開発の促進が望まれる。

3-7 分散電動推進

ドローンの発展によって空飛ぶクルマ、eVTOL の実現が加速したことは事実ですが、実は、主流となっている推進技術の一つに「分散電動推進(Distributed Electric Propulsion：以下、DEP)」があります。

DEP は、現在、米 Uber Technologies 社に在籍し、Uber Elevate プロジェクトを推進している Mark Moore（マーク・ムーア）氏が、NASA にいた当時、2000 年代から研究開発を行ってきたものです。Uber もこの方式を推奨しています。その仕組みとメリットを紹介します。

DEP は**図 3-7-1**（b）に示すように、固定翼前縁部に多数の小型電動モーターによって駆動されるプロペラを並列に並べたもので、従来のプロペラ機（図 3-7-1（a））に対して、その数およびサイズ、電動であることが異なります。

DEP を採用する1つ目のメリットである冗長性についてです。これは多数のモーターやプロペラを有していることで、一つが壊れたとしても他での飛行継続が可能という意味です。故障率の考え方は、ある事象が起こる確率の掛け算であり、モーターやプロペラを多く持つことで、リスクを減らすことができます。

次に、飛行効率についてです。揚力の原理として翼の下側に対して上側の圧力が小さくなることで圧力差が生じ、揚力が発生します。DEP では、小型のプロペラが固定翼の前縁部上側で回ることで、固定翼上面を流れる空気の流れが加速さ

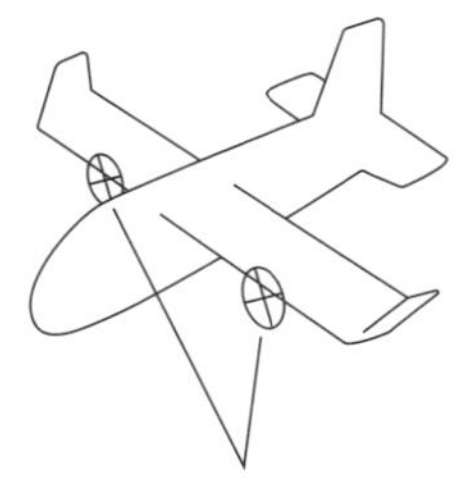

(a) 従来型航空機
エンジン駆動、プロペラ2枚

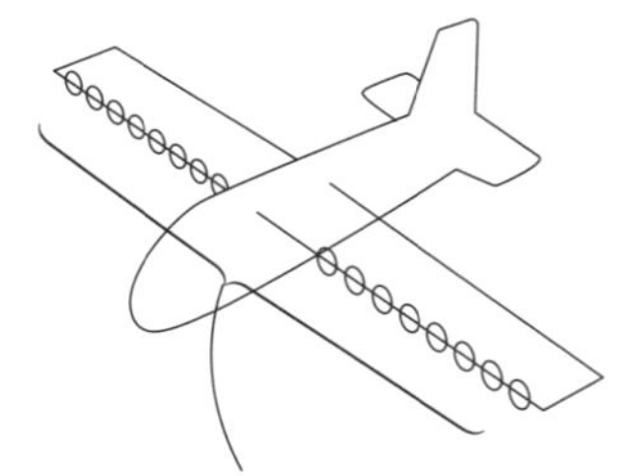

(b) 分散電動型航空機
モーター駆動、プロペラ16枚

図 3-7-1　分散電動推進技術

DEP は多数の小型電動モーターとプロペラを持つ。

れます。これにより圧力が下がって揚力が高まるため、より少ないエネルギーで飛ぶことが可能です。また、同じ揚力であれば翼を小さくすることができます。

さらに、設計自由度の高さについてです。従来のヘリコプターのようにエンジンを備える場合は、エンジンからギヤボックスを介して、スワッシュプレート（メインローターの傾きを変える機構）やメインローターとテールローターまでを繋ぐ機械的な部品が必要となり、設計自由度が低いことから、ほぼ構造が固定されてしまいます（**図 3-7-2**）。

一方、eVTOL では小型かつ電動のモーターを使うことで、ギヤやリンク機構が必要なくなり、その配置の自由度は大幅に高まります。現在、多様な構造の eVTOL が提案されている理由の一つはここにあります。

最後に騒音の低減についてです。一つはモーター化により、ヘリコプターの主要騒音源の１つであるエンジンがなくなる点、さらに、プロペラの小型化により高周波音となり、遠くまで伝播しにくくなるという点から、低騒音となることが期待されています（回転数が上がる分だけ、騒音が大きくなることもあり、スペックによって異なります）。分散電動推進機構はこれら多数の特徴を有する方式であるため、多くの機体で採用されており、Joby Aviation S4 や Airbus A^3 Vahana などはその代表例と言えます。

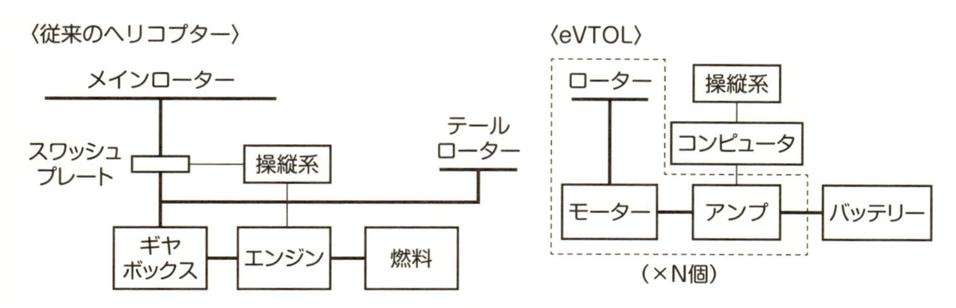

図 3-7-2　従来のヘリコプター（機械式）と eVTOL（電動式）の違い
eVTOL は部品間が電気配線で接続されており、設計自由度が高い。

ポイント

⊙NASA が2000年代から研究開発を行ってきた分散電動推進タイプが推進技術の主流になっている。
⊙高効率、かつ故障時の冗長性が高い。

3-8 ハイブリッド動力システム

2000年代から自動車の世界で実用化が進んできたハイブリッド動力システムは、近年、航空機でも燃費向上・排出ガス削減に向けて、その活用が真剣に検討されています。

ドローンや空飛ぶクルマでは構造の簡素さから完全電動が主流とされながらも、EV車と同様、現状ではバッテリーの性能が不十分なため、ハイブリッドも現実的な選択肢として捉えられています。実際に、ドローンでは米国のTop Flight Technologies（トップ・フライト・テクノロジーズ）社が、空飛ぶクルマではBell Helicoper社やWorkhorse（ワークホース）社がその採用を発表しています。

ハイブリッドには、主にエンジンとモーターの両方を動力として使用する「パラレルハイブリッド方式（主にトヨタ自動車が採用）」と、エンジンを発電機として使用しモーターで駆動する「シリーズハイブリッド方式（主に日産自動車が採用）」の2種類があります（**図3-8-1**）。ドローンや空飛ぶクルマでも両方式が存在しており、それらの仕組みと特徴について簡単に説明します。

まず、パラレルハイブリッド方式は状況に応じて最適な燃費となるよう、エンジンとモーターを切り替える、もしくは合わせて使う方式です。モーターは瞬発力を出すのが得意ですが、バッテリーのエネルギー密度が低く、長距離移動には適しません。一方、エンジンは瞬発力を効かせにくい反面、ガソリンのエネルギー密度が高く、一定回転数で回すと効率が良い性質を持ちます。よって垂直離着陸時は主にモーターで、水平飛行に入ってからはエンジンに切り替えるというコンセプトが考えられています。

ただし、マルチコプタータイプでは、推進力に用いるプロペラを姿勢制御にも使っていて、応答性に劣るエンジンでプロペラの回転数を機敏に制御するには工夫が必要となります。そのため、一般的に前述のパラレルハイブリッド方式を採用することは困難です。一方、シリーズハイブリッド方式はエンジンを発電機として用い、その電気をバッテリーに貯め、モーターでプロペラを駆動させるものです。構造が簡素で、コスト面で有利なため、こちらのほうが主流といえます。

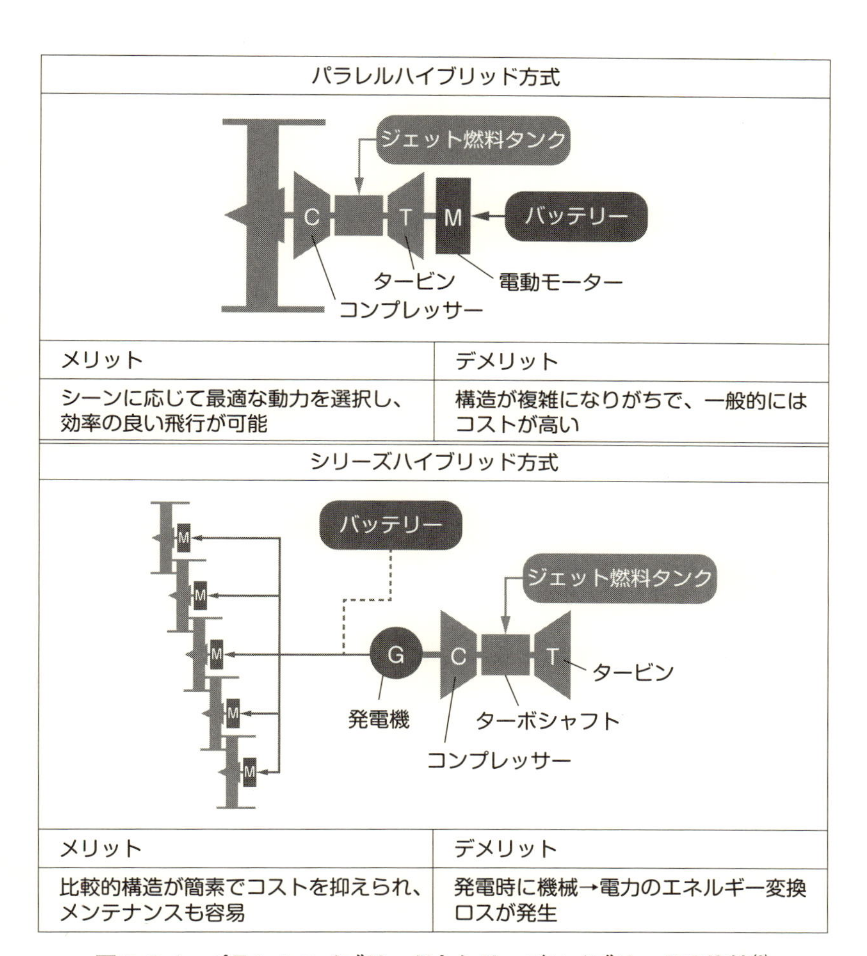

パラレルハイブリッド方式	
メリット	デメリット
シーンに応じて最適な動力を選択し、効率の良い飛行が可能	構造が複雑になりがちで、一般的にはコストが高い

シリーズハイブリッド方式	
メリット	デメリット
比較的構造が簡素でコストを抑えられ、メンテナンスも容易	発電時に機械→電力のエネルギー変換ロスが発生

図 3-8-1　パラレルハイブリッドとシリーズハイブリッドの比較[3]

構造の簡素さからシリーズハイブリッド方式が主流。

ポイント

- ⊙パラレルハイブリッド方式とシリーズハイブリッド方式が存在。
- ⊙主にコスト面や冗長性の面から、初期はシリーズハイブリッド方式が使われる可能性が高い。

3-9 軽量化

軽い機体を作ることは空飛ぶクルマの大命題ですが、性能やコストを無視することはできません。軽量化にあたって考慮すべき３つの要素と、様々な工夫がなされている軽量化の取り組みを解説します。

軽量化は、地上を走る車でも、主に燃費に直結する重要な開発要素です。航空機では燃費もさることながら、載せられる積載量や人数に制限がかかってしまうため、商品力の生命線となる要素です。

重ければその分だけ浮上するパワーが必要となり、モーターやプロペラのサイズを上げることで、さらに重くなるという悪循環に入ります。そうならないためにも、1gでも軽くすることは大命題です。ただし、当然のことながら、ただ軽くすれば良い訳でなく、「性能（強度など含む）」「コスト」「質量」の３種類のバランスを取る必要があります（**図 3-9-1**）。

一般的には、性能を上げればコストや質量は上がる方向で、質量を抑えようとするとコストは上がり性能は失われる方向になります。与えられた制約の中で、必要な性能を確保しつつ、いかにコストを抑え、質量も減らしていくかが設計者の腕の見せ所です。

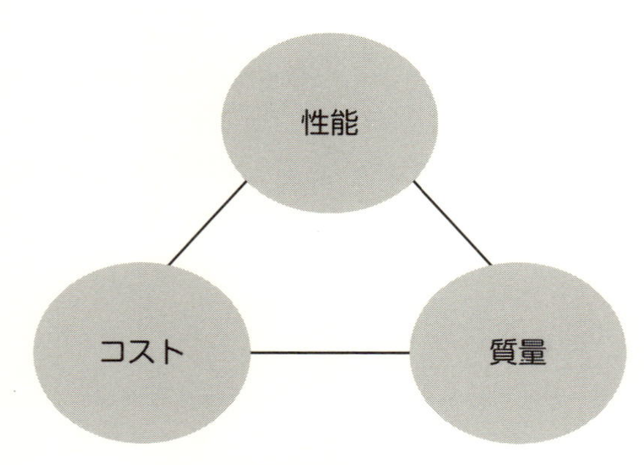

図 3-9-1　軽量化のバランス三角形

「性能（強度など含む）」「コスト」「質量」の３種類のバランスを取る必要がある。

軽量化の方法については、形状の工夫（例：同等の強度をより質量の少ない効率的な形状で達成する）や、材料の置換（例：同等の性能を持つ異なる材料を使用する）が挙げられますが、部品ごとにそのアプローチは大きく異なります。全ての部品について触れることはできないため、ここではフレームとモーターを例に考えます。

フレームの形状の工夫は、航空機において、長年、研究されています。最も力のかかる部位の一つである主翼付け根に対し、一般的に主翼が胴体によって左右で分断しないよう貫通する構造を採ったり、トラス構造と呼ばれる三角形の骨組みで支えることで、効率的に強度を上げたりするなどの工夫が行われています。

また、材料置換としては、従来の鉄鋼やアルミだけでなく、繊維強化複合材料と呼ばれる新材料の活用が進んでいます。代表例はいわゆるカーボンファイバー（炭素繊維）で、鉄に対し10倍ほどの強度を持ちながら、比重は1/4程度という特性を持っており、大型旅客機やレーシングカーなどに使われています[4]。ただし、価格が高く、壊れ方のコントロールが難しいため、まだ広く使われているとは言い難い状況です。

次に、電気系部品の例としてモーターを取り上げます。形状自体はある程度決まっていますが、磁石の配列（ハルバッハ配列など）を変えたり、コイルの巻き方を工夫したりします。また、材料置換としては、鉄心や銅線の代わりとなる新材料の提案が日々なされており、まだまだ進歩の余地はあると見られています。

ポイント

- ⊙重量が性能における肝となる航空機では、軽量化は特に重要な要素。
- ⊙大型機で活用が進んでいるカーボンファイバーが、小型機でも使われる見込み。

3-10 姿勢制御

マルチコプタータイプと固定翼付きタイプで共通部分となる、垂直離着陸機能を実現するための「マルチコプターの姿勢制御」、その後、「固定翼付きタイプのティルト機構」について説明します

マルチコプタータイプは、その言葉の通り、基本的にはドローン（複数の回転翼を持ったもの）の制御と同じです。詳細は専門書に譲るとして、ここではイメージを掴んでいただくために概要を紹介します。

ドローンの姿勢を保つための制御として一般的に用いられているのは、「PID制御」と呼ばれる方式です。その役割は、現在の姿勢角度と目標とする姿勢角度の差分を計算し、姿勢が低い方のプロペラの回転数をより速く、逆に姿勢が高くなっている方のプロペラの回転数をより遅く、という形で調整し、目標姿勢に近づけていくものです。P、I、Dとは比例（Proportional)、積分（Integral)、微分（Diffential）のことで、それぞれ、現在の差分量に比例して修正、過去の誤差の蓄積に比例して修正、単位時間の変化の大きさに比例して修正する方式です。

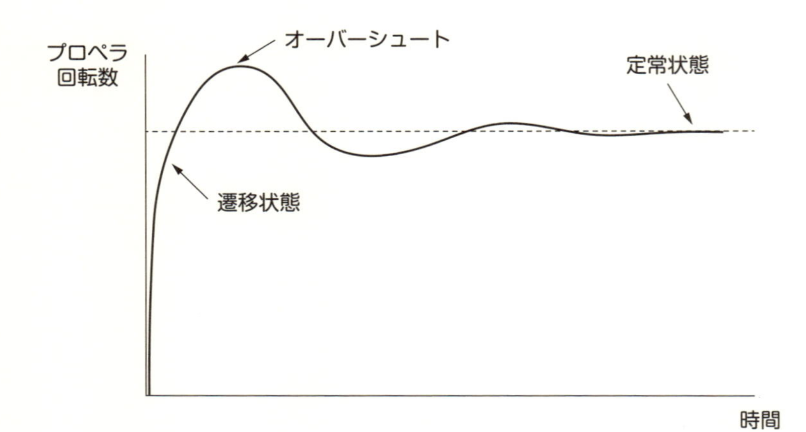

図 3-10-1　PID 制御による出力の出方

P 制御によって目標値に近づけていくが、オーバーシュートと呼ばれる行き過ぎが発生してしまうため、D 制御で急激な時間的変化を調整。それでも残る残差を I 制御によって補正する。

まずＰ制御によって、大まかに目標に近づけていきます。この時、目標姿勢に対して素早く合わせたいのですが、Ｐの値を大きくしすぎると、目標値に対して行き過ぎてしまうオーバーシュートが起きます（**図3-10-1**）。そこで、変化の時間的な大きさを考慮するＤ制御によって急激な変化を抑えることで、行き過ぎを調整できるようになります。さらにＰ、Ｄのみではある一定以上の合わせこみ（目標と現状との差の解消）は難しいため、Ｉ制御によってその残差の補正をかけます。これらの変数の最適値は機体ごとに異なり、また、自動的に調節する方法は十分確立されていないため、コツはあるものの、ある程度のトライアンドエラーが必要です。

次に、固定翼付きタイプのティルト制御について説明します。垂直離着陸から水平飛行に遷移するためには、プロペラの向きを上向きから前向きへと遷移させることになります。高度を保つためには揚力を一定にする必要がありますが、ここにティルト機構の難しさが出てきます。固定翼は速度の二乗に比例して揚力が発生するため、遷移直後の低速度では揚力の確保が困難になるからです。そこで、一気に速度を前進させる必要がありますが、機体がすぐ反応できないため、その間は不安定な状態になります。このあたりに研究課題が残っているため、現在までの実用例はオスプレイ（V-22）のみという状況です。さらに、パイロットにとっても固定翼機と回転翼機両方の操縦技量が求められ、遷移時における緊急事態の対応方法なども習得しなければならず、乗りこなすのは容易ではありません。このため、空飛ぶクルマのような一般向けの乗り物については自動制御でないと操縦は困難と考えられています。

ポイント

- ⊙垂直離着陸はドローンの制御と同様、PID制御と呼ばれる方式を採用。
- ⊙ティルトタイプでは水平飛行への遷移が必要で、制御が難しい。

3-11 センサー

空飛ぶクルマでは、ドローンで使われているようなセンサーを搭載することも考えられています。最初に姿勢制御、次に自動操縦に向けて必要なセンサーを紹介します。

従来の航空機の発展として考えるのであれば、現在使われているピトー管（速度計）や人工水平儀（姿勢指示器）など、アナログな機器を採用することになります。しかし、電子制御や自動操縦を前提とする空飛ぶクルマにおいては、ドローンからの発展を考える方が相性は良くなります。このため、以下に紹介するものは基本的にはドローンと同等です。また、各センサーの動作原理や詳細については踏み込まず、ここでは飛行シーンに対して、どのようなセンサーが必要かという全体像を捉えていただくところに留めることとします。

まず姿勢制御について、垂直に離陸した後、ある位置に静止してホバリング（空中でその場で浮揚すること）するというタスクを考えると、自分の機体の角度が傾いていないか、速度が0となっているか、高度が一定かなどを知らなければなりません。このとき、機体角度の確認用にジャイロセンサーを、速度確認用に加速度センサーを、そして、高度確認用に気圧センサー（もしくは超音波センサー：地表付近に限る）を用います（**図 3-11-1**）。さらに、そこから目的地に向けて飛行する場合、自分が今どの位置にいてどの方角を向いているか、どこに目

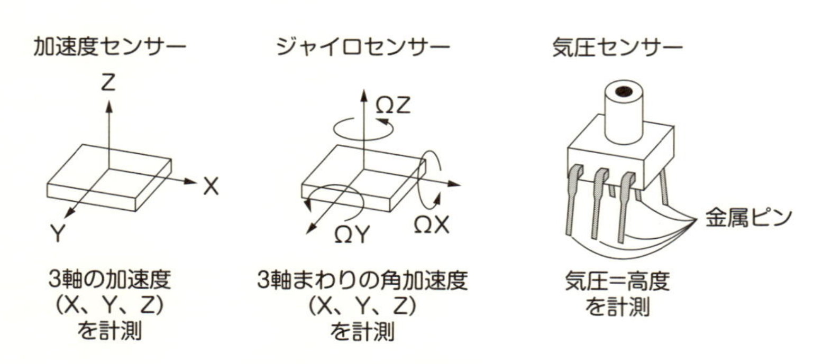

図 3-11-1　姿勢制御用センサー

それぞれのセンサー入力を使い、姿勢や高度を計測・制御する。

的地があるかの情報が不可欠です。そこで、自己位置を知るためのGPS、方位を知るための地磁気センサー、センサーではないが目的地の位置を知るための地図（高さ情報も重要となるため、3次元の地図）が必要です。

次に自動操縦について、究極的には目的地をインプットしたらパイロットの操縦なしに自動的に着陸まで可能なものが求められます。そして運航中には、他機や鳥などの障害物回避、高い耐風性、悪天候や夜のような視界不良環境下での航路指示、着陸地点の物体検知などが必要と想定されています。そこで、まず人間の目にあたる視覚認識のためにカメラやLiDAR（Light Detection and Ranging、レーザーを使った測距計）、視界不良環境下では赤外線カメラなどが必要です。さらに、風の検出には機体上及び地上側に風速センサーが必要です（**図3-11-2**）。これらのセンサー類は日本が得意とする領域で、今後のさらなる開発の進展が期待されています。

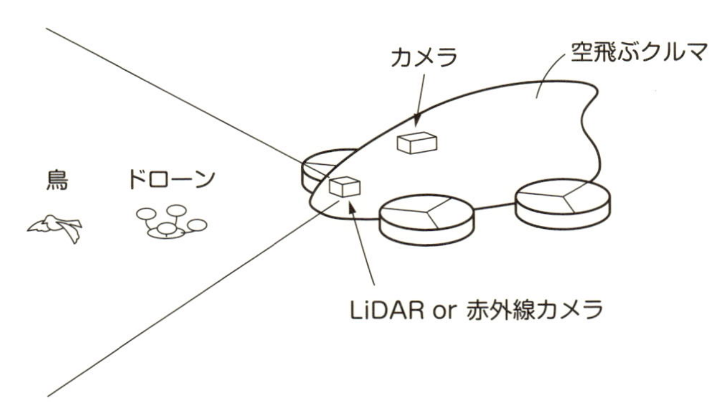

図3-11-2　自動操縦用センサー

人間の目にあたる視覚認識のためにカメラやLiDAR（レーザーを使った測距計）、視界不良環境下では赤外線カメラなどが必要。

ポイント

⊙ドローンと同様の姿勢制御用センサーが必要で、自動操縦になるにつれて視覚処理を行うためのセンサーも必要になってくる。

⊙要素技術が得意な日本の強みが生きる。

3-12 操縦系

空飛ぶクルマは自動操縦が望ましいものの、最初から完全自動操縦を実現するのは難しく、最初は人による操縦が必要です。熟練者でなくてもできる操縦方法と、計器類の表示方式を検討する必要があります。

「空飛ぶクルマ」という言葉から連想されるのは「誰もが使える乗り物」というイメージで、それに違わず各社からは自動操縦を前提としたコンセプトが提案されています。

しかし、技術開発が追いついておらず、さらに法制度の整備まで考えると、最初から完全自動ということは考えにくいところです（自動操縦については本章15節参照）。そこで、直近で目指すべきレベルは、今の自動車並みの訓練で操縦できるものです。そのために必要なことは、非熟練者でも操縦ができる簡便な操縦方法と、シンプルで分かりやすい計器類の表示です。その2点について、機体開発における要求内容と実現方策例を紹介します。

まず、操縦方法について、現状ではスタンダードは決まっていませんが、電動機ゆえに電子制御でコントロールできることから（「フライバイワイヤ技術」と呼ばれる）、機構に制約されない操縦桿をデザインすることが可能です。主流は、ジョイスティック（レバーによって方向を指定する入力装置）による移動方向、および、機体の向きの指示と、それとは別のレバーによる高度の指示です。従来のヘリコプターでは、移動方向をサイクリックスティックで、高度をコレクティブレバーで決めますが、さらに機体の向きを制御するラダーペダルがあり、両手両足での操作が必要でした（**図3-12-1**）。それが両手のみになると、操縦の負荷は大幅に低減されます。自動操縦になってしまえば、全て必要なくなるかもしれません。

メーターやナビゲーション（以下、ナビ）などの計器類は、まだ基準となる方式は決まっていませんが、従来の航空機と同様に、対気速度・高度・方位・姿勢・位置などが必要となるはずです。ただし、非熟練者が使うことを考えた場合、極力シンプルにして、一目で分かることが重要です。ナビについては、昨今のタブレットの進化により個人用航空機ではiPadを使う例も増えているため、地図と

図 3-12-1　ヘリコプターの操縦桿

非熟練者でも操縦ができる簡便な操縦方法と、シンプルで分かりやすい計器類の表示で、今の自動車並みの訓練で操縦できるものを目指す。

してはその延長にあるものとなるでしょう。一方、ナビ機能としては、ただ地図を示すだけでは不十分で、高度や気象、他機の状況を踏まえた上で、その時の最適経路を決定していく必要があります。このあたりは、運航管理システムとも関連するため、ある程度最初からそれらを視野に入れながら開発していかなければなりません。

また、前述の通り最初から自動操縦を前提としている機体メーカーも複数あるため（Boeing や Airbus、EHang など）、将来のことと考えるのではなく、現段階から自動操縦への発展を意識した設計をしておくことは必須であると言えるでしょう。

ポイント

⊙非熟練者でも操縦できるように、簡便な操作の実現が求められる。電子制御によりそれが可能となる。

⊙既に目的地を入力するだけで自動でナビするコンセプトも多く提案されており、その実現を視野に入れながら開発を進める必要がある。

3-13 安全性

安全性は何にも増して重要です。ただし、安全といっても範囲が広いため、ここでは機体の異常や故障について考えます。

地上の移動体はその場に停止することで一定の安全を確保できますが、飛行体の場合は基本的に地上に降りるしかなく、よりシビアな管理が必要です。そこで、設計段階で極力故障が起きないようにする工夫と、起きてしまった後にどうするかの2つに分けて説明します。

まず、設計段階では、絶対に安全、すなわち異常ゼロということはないため、いかにリスクを抑えられるかという観点が重要です。具体的には、最初にある異常による影響度を想定し、その発生確率目標を設定します。例えば、重大な被害を免れないものは、10の－9乗時間（10億飛行時間で1回）以下とすることが耐空性規則で定められています。次に、故障モード影響解析などの手法を用いて、故障の発生方法とその発生確率を明らかにします（**図3-13-1**）。そこから、機体全体で考えた時にどのようなリスクレベルとなるかを見積もり、設定した発生確率目標に達していない場合は、何らかの対策を織り込みます。対策の一例として、本章7節で紹介した「冗長性の確保」をあげることができます。航空機では少なくとも二重系（二重のリスク回避）を組むことが一般的で、コンピューターのような判断を司る部品については、三重系にして多数決を取る形が採られています。こうして設計段階から安全性を作り込み、それら一つ一つの妥当性を航空当局が認証して、初めて次のプロセスへ進むことができます。

プロペラのFMEA

品名	故障モード	要因	影響	対策	影響度	頻度	検知難度	総合判定
プロペラ	破損	バードストライク	揚力減少	プロペラガードの追加	3	1	3	3

図3-13-1　故障モード影響解析の例、FMEA

FMEA（Failure Mode and Effect Analysis、故障モードと影響解析）は信頼性管理手法の1つ。

次に異常が起きてしまった時の安全確保の方法については、影響度が小さく運航に差し障りがないものであれば、継続飛行もしくは極力速やかな着陸という判断となります。動力停止のような究極的な危機状況になった場合は、ヘリコプターではオートローテーション（あえて急降下し、その時に受ける風でプロペラを回転させ、地表近くまで降りてきたタイミングで、その回転を使って揚力を発生し軟着陸を行う方法）と呼ばれる軟着陸手法を取ります。また固定翼機であれば、一定の滑空が可能です。一方、空飛ぶクルマは、プロペラが小型のためオートローテーションはできず、また固定翼があったとしても十分滑空できるほどの大きさがないため、両者とも有効な手段にはなりません。

そこで、パラシュートの使用が検討されています。通常のパラシュートは開くときに高度と速度が必要なため、火薬爆発によって射出され機体ごと吊り下げるバリスティックパラシュートが有力候補として挙げられています。既に小型航空機での使用実績が多数あり、室内エアバッグや衝撃吸収機構との組み合わせにより、多くの救出例が報告されているため、この技術の搭載はほぼ必須でしょう（**図 3-13-2**）。一方で、人口密集地においてはバリスティックパラシュートでただ降りるだけでは不十分で、地上側への影響も最小化する必要があります。そこで、空飛ぶクルマ研究ラボでは、乗員と地上へのダメージ最小化を両立するための緊急着陸技術の研究開発を行っており、特許も出願しています。

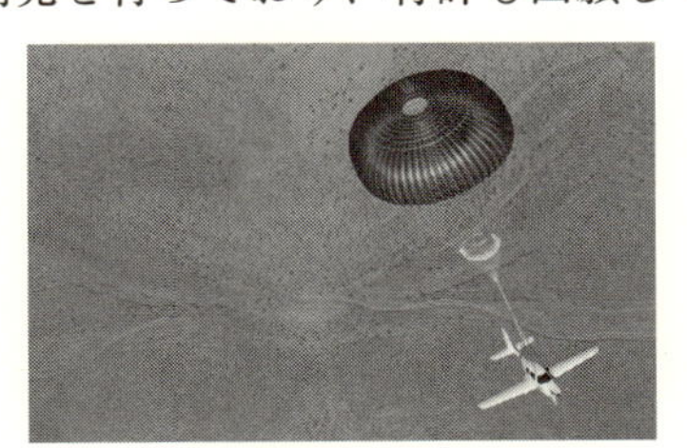

図 3-13-2　小型航空機で使用されているパラシュート

©Japan General Aviation Service

ポイント

⊙設計段階から、影響度評価や故障モード解析などによって安全の考えを織り込み、冗長性確保などによって安全性を保証する。

⊙それでも防げないものは、機体ごと吊るすバリスティックパラシュートの使用が想定されている。

3-14 騒音・吹き下ろし

空飛ぶクルマが社会に受け入れられるためには、安全性や安心感は勿論のこと、騒音の問題や、「吹き下ろし（ダウンウォッシュ）」と呼ばれるプロペラから吐出される強風の問題を考慮する必要があります。

将来プロペラがなくても飛べる、もしくはほとんど無視できるレベルになるような技術が発明されない限り、騒音や吹き下ろしはプロペラがある以上、必ず考慮しなければならない問題で、様々な検討がなされています。

ヘリコプターの騒音の主要因はエンジンによる音と、プロペラの風切り音です（**図3-14-1**）。前者は電動化によってなくなります。一方、後者は小型プロペラを採用することによって、同じ揚力を確保するために回転数を上げることとなり、音質が高周波になります。その場合、耳障りな音が増え、一般的にはうるさいと感じます。ただし、第３章７節で前述した通り、高周波の音は減衰しやすいという特性があり、離陸後に高いところまで一気に上がってしまえば気にならないものと想定されています。逆に大型プロペラの場合は低い音となり、耳障りな音を減らすことができるため、大型プロペラを採用する予定のメーカーもあります。

1. 回転騒音（翼厚騒音と荷重騒音）
   - ・ローターブレードが空気を押しのけることで発生する
   - ・ブレード上の圧力変動によって発生する過重騒音
2. スラップ音
   - ・前進側のブレードの翼端の相対速度が遷音速になることで発生するHSI騒音(High Speed Impulsive Noise)
   - ・先行するブレードの翼端渦が、後続のブレードと干渉することにより発生するBVI騒音(Blade Vortex Interaction Noise)
3. 渦騒音
   - ・ブレード表面～後流における小さな乱気流のランダム変動によって生じる騒音。「サー」というランダム騒音。

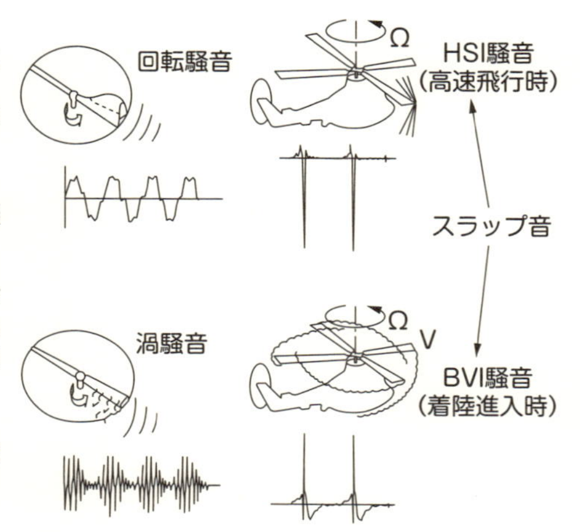

図 3-14-1　騒音源(5)

回転翼特有の様々な騒音源がある。

図 3-14-2　吹き下ろし(6)

プロペラが吹き下ろす風により、水上では波が立ち、地面では土埃が舞う（吹き下ろしの風は見えないため、分かりやすさのため、水の上でのホバリング時に波面が立っている絵とした）。

空飛ぶクルマ研究ラボの計算によると、150m 離れたところでの音圧レベルは従来のヘリコプターが90dB以上であるのに対し、空飛ぶクルマは80dB程度となる見込みです。

「吹き下ろし」はプロペラが揚力を生み出す際に、上から入ってくる空気を加速させ、それを下側に吐き出した結果、生じる風の流れのことです（**図 3-14-2**）。扇風機を下向きにするイメージを持つと分かりやすいでしょう。重いものを持ち上げようとするほど大きな揚力が必要であり、そのためにはプロペラを大きくするか、速く回転させる必要があります。回転数が大きくなると吹き下ろしの風速は速くなるため、離発着時は機体に近寄れない可能性があります。前述の騒音と吹き下ろしの観点からは大型プロペラの方が良いという見方もできますが、多くの機体メーカーが小型プロペラを採用していることから、分散電動推進による冗長性や高効率性のメリットの方を重視しているものと考えます。

ポイント

⊙エンジンがない分静かだが、プロペラの小型化により耳障りな高い音が発生する。ただし高周波の音は減衰しやすい特性を持つため、速く高いところへ上がれば気にならないと想定されている。

⊙小型プロペラで回転数が高いため、吹き下ろしの風速が速くなる。

3-15 自動操縦

自動操縦はいずれ実現する必要はありますが、自動車の自動運転よりも時間がかかると予想されています。しかし、完全自動操縦に向けた取り組みも少しずつ進んでいます。

今後、空飛ぶクルマの数が増えてきた場合、ボトルネックとなる大きな要素がパイロット不足です。航空機事故の原因の7～8割が、人的ミス（例：過積載による出力不足、有視界飛行中に雲中に入って方向を見失うなど）と言われますが（**図3-15-1**）、高度なスキルを持つパイロットの育成は時間もコストもかかります。さらに最終的な姿として、他の機体が飛び交う中を人間の操縦によってコントロールすることはほぼ不可能で、空の自動操縦化は必須です。ただし、自動車より安全性の基準が高く、気象の影響を受けやすい航空機では、完全自動操縦の実現は2030年以降と言われています。**図3-15-2**は、NASAがSimplified Vehicle Operations（SVO）というコンセプトの下、ロードマップを示しているもので、SVOフェーズ1で「操縦支援技術の研究開発」、フェーズ2において「操縦要件の再定義」、そして、フェーズ3で「完全自動操縦に向けた研究開発」としています。

その困難さをイメージしていただくため、空飛ぶクルマ研究ラボの調査を踏まえた具体的な開発要素を以下に挙げます。

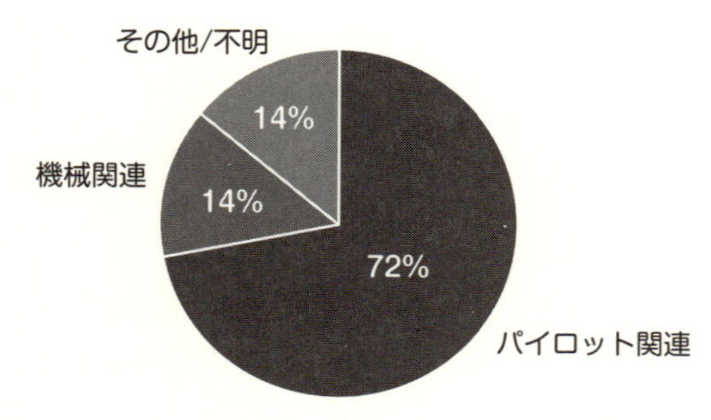

図3-15-1　小型航空機における主な事故原因[7]

小型航空機における事故はパイロット関連が原因のものが多い。

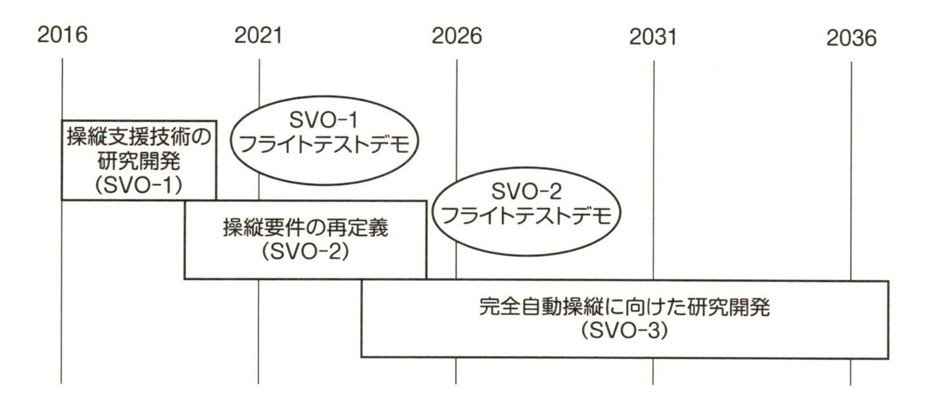

図 3-15-2　NASA SVO のロードマップ（簡略化）[8]

完全自動操縦に向けて、2016 年から段階的に研究開発を進めている。

・飛行経路や離着陸場の障害物検出のための画像認識
・視界不良環境下での飛行実現のための可視光以外での物体検知・認識
・突風の検知と機体が煽られないための姿勢制御
・お互いの航路が重ならず、かつ最短経路となるための交通指示・制御
・機体が危険モード（※）に入った時の検知とその対応
・異常発生時の検知とその対応

これらの技術を開発・実証し、安全認証を取るには時間がかかりますが、今後、自動操縦の方向に向かうことは不可避で、早期の取り組みが期待されます。

※危険モード…回転翼機特有の危険モードが複数ある。例えば、「settling with power（セットリング・ウィズ・パワー）」と呼ばれる現象は、速い降下率で垂直に降りようとした時、吹き下ろした風をプロペラが巻き込んで揚力が出なくなり、さらなる急降下モードに入って墜落するものである。他にも砂地への着陸時に、吹き下ろした風で砂が舞い上がって外が見えなくなる「brownout（ブラウンアウト）」がある。

ポイント

◉人的ミスやパイロット不足への対応のために自動操縦化が求められる。
◉障害物検知や突風への対応、衝突回避の制御、異常発生時の対応など課題は多いが、今から開発に取り組んでいくべきである。

コラム

CARTIVATOR／SkyDriveの挑戦

有志団体CARTIVATOR（カーティベーター）とは、2014年から空飛ぶクルマ「SkyDrive（スカイドライブ）」の機体開発に取り組む団体です。(株)SkyDriveとは空飛ぶクルマの事業会社です。

CARTIVATORでは「モビリティを通じて、次世代に夢を提供する」をミッションに、自動車業界や航空業界のエンジニアやデザイナーなどを中心に多業種から専門家が100人以上集まり、平日夜や週末、ボランティアで活動しています。開発拠点は愛知県豊田市の支援を受けた複数の施設で、試作機の製作・メンテナンスをしています。飛行実験は保養施設跡を活用しています。このほか、東京の会員制オープンアクセス型DIY工房TechShop Tokyo（テックショップ・トウキョウ）にて、部品などの試作品製作や定例会・報告会を開催しています。設立当初はメンバーの自己資金で始め、2017年にはトヨタグループ15社から資金援助を受けました。その後も数億円を超える予算規模で空飛ぶクルマの開発を実現できるよう日本中の企業から80社を超えるスポンサーを募り、社会からも広く応援してもらっています。

SkyDriveはバッテリーとモーターで動くマルチコプタータイプの機体で、どこでも行けるよう世界最小サイズの実現を狙っています。また空陸両用で、将来的には公道からの飛行も目指しています。操縦系にも工夫を取り入れ、直感的な操縦ができるよう設計されています。今後のスケジュールは、2020年夏のデモフライトを目指し、その後は2023年に有人機を販売、2026年には量産を開始します。そのために、CARTIVATORとは別に、2018年に事業会社「SkyDrive」を設立しました。

「2050年までに、誰もが自由にどこにでも移動できる社会を構築したい。その結果、交通渋滞を回避してストレスなく移動したり、世界で道路がない地域において徒歩で水汲みに行っている人達がより自由に移動できるようにしたい」とCARTIVATORの共同代表で、空飛ぶクルマラボ特任助教の中村翼は話しています。

第４章
インフラ構築

空飛ぶクルマのインフラ、つまりその運用を下支えする基盤となるものについて説明します。

4-1 空の交通システム

空飛ぶクルマの離着陸時や水平飛行時、既存の航空機やドローンとの衝突を避けなければなりません。そのために、今後どのような空の交通システムを構築していくべきでしょうか。

日本の空は、**図 4-1-1** のように空域を分離することで、空を飛行する機体相互の安全性を確保しています。空には航空機が航空交通管制を受ける「管制区域」と「非管制区域」があります。ドローンや空飛ぶクルマでも、その空域を明確にする必要があります。ドローンは2015年に改正された航空法により、特別な許可がある場合を除いて、150m（ビル42階程度）以下を飛行することが義務づけられています。一方、飛行機やヘリコプターは、小型機であれば数百～数千m、大型旅客機であれば1万m以上の高度を飛行しています。空飛ぶクルマの空域については、一般的に150～1000m程度の高度と言われていますが、まだ定まっていません。

日本では災害時、防災ヘリコプターなどの救援航空機の運航を管理する「災害救援航空機情報共有ネットワーク（D-NET）」が稼働します。D-NETによって管理される防災ヘリなどと空飛ぶクルマは空域が重複します。

そこで、今後は空を飛び回る機体同士の衝突リスクを下げるために、「航空交通管理システム」「無人航空機の運航管理システム（UTM：Unmanned Aircraft System Traffic Management、ドローンの運航管理システム）」、前述のD-NET、「空飛ぶクルマの運航管理システム」が統合され、それぞれの飛行に必要な情報を共有するべきでしょう。ただし、この統合についてはいろいろな議論がなされています。いずれにしても統合されることにより、空の交通システムは安全で、より効率的になるはずです。

新しい運航管理システムが動き出す場合は、機体と地上の通信の乗っ取りや妨害に対するサイバーセキュリティ対策をさらに強める必要があるでしょう。第4章2節「現在のドローンの航空交通システム」第4章3節「空飛ぶクルマの交通システム」について説明した上で、どのような統合方法が考えられているか紹介します。

現在の空の交通システムは、平時は航空交通管理システム（ATM：Air Traffic Management）が日本の領空における航空機（飛行機、ヘリコプター）の運航を管理します。ATMは、増大する航空交通の安全かつ効率化のために発展してきた考え方です。いまでは、航空機ごとの飛行計画を一元的に管理するATMによって、安全かつ効率的な運航が可能になっています。

航空機事故を専門に追跡しているPlaneCrashInfo.comの統計によると、1960年から2015年の間に、一人以上の死亡者が出た航空機事故は1085件ありました。事故の半分以上はパイロットの操縦ミスですが、不適切な航空交通管制が原因だったこともありました。例えば、2002年7月1日21時過ぎ、ドイツ南部のユーバーリンゲン上空でバシキール航空2937機とDHL611便が空中衝突事故を起こし、計71人が死亡しました[(2)]。どちらの機体も備え付けられているACAS（航空機衝突防止装置）は正常に作動していましたが、管制からの指示ミスと通信の混線により、回避動作が間に合いませんでした。このことからも空の交通システムには航空管制が重要であるといえます。

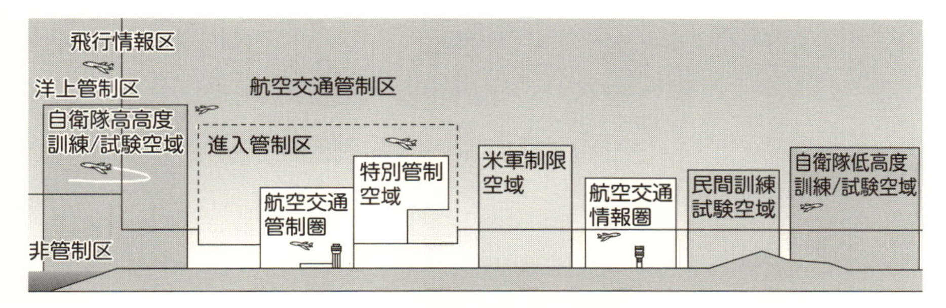

図4-1-1　日本上空の管制空域[(1)]

「航空交通管制区」とは、地表または水面から200m以上の高さの空域。管制官と連絡を取り合い、その指示に従って飛行しなければならない。

ポイント

⊙空を飛ぶ機体同士の衝突リスクを下げるために、ATM、UTM、D-NET、空飛ぶクルマの運航管理システムが統合され、管制に必要な情報が共有されるべきでしょう。

4-2 現在のドローンの航空交通システム

ドローンは「無人航空機の運航管理システム（UTM）」のもと、飛行しています。UTMはどんなシステムか、空飛ぶクルマとはどのような関係になるか説明しましょう。

近年、ドローンは農薬散布や空撮、および、インフラの点検や測量などに活用されています。2015年、首相官邸の屋上にマルチコプタータイプのドローンが落下した事件がきっかけとなり、無人航空機の定義と飛行ルールが改正航空法に定められました。ドローンの飛行高度は原則、地上または水面から150m以下とし、人口密集地では飛行が禁止され、操縦者の目が届く範囲（目視内）を飛ぶことになりました（**図4-2-1**）。しかし、物流や災害救助などで利活用するためには、多量のドローンが操縦者の目の届かない範囲（目視外）を自由に飛行できるようになる必要があります。そこで2018年、複数の要件下でドローンの目視外飛行が認められ[3]、安全かつ効率的な飛行を可能とする「無人航空機の運航管理システム（UTM）」の必要性が高まりました。UTMによって、ドローンの飛行ルート、高度管理、飛行許可、リアルタイムのモニタリングが実施されています。

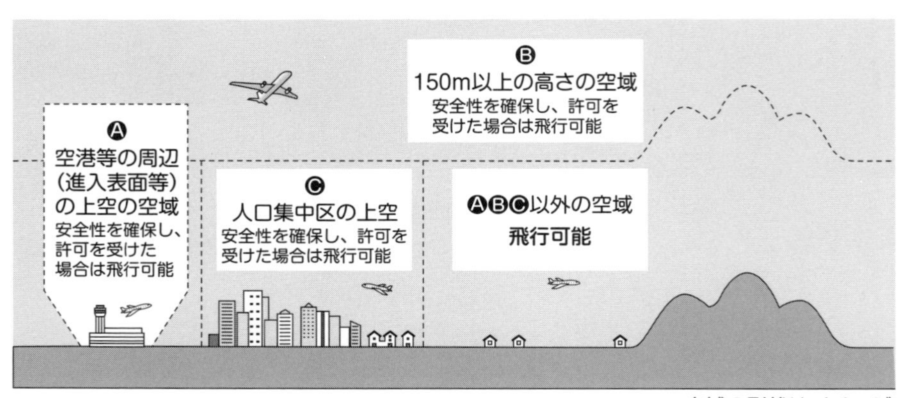

図4-2-1　無人航空機が飛行可能な空域[4]

A～Cのように「航空機の航行の安全に影響を及ぼすおそれのある空域」および「落下した場合に地上の人などに危害を及ぼすおそれが高い空域」での飛行は、国土交通大臣の許可が必要になる。

日本では2019年現在、民間企業5社が用途別のドローンの運航管理システムを提案しています[5]。しかし、運航管理システムが乱立した場合、衝突の可能性が高まるため、JAXAとNEDOを中心に、「運航管理システムの全体設計に関する研究開発」が進められています[6]。日本では、2018年にドローンの利活用のロードマップを発表しています。米国ではNASAとFAA（Federal Aviation Administration、アメリカ連邦航空局）を中心に、日本と同じく目視外飛行を見据えて、UTMの実証実験を段階的に実施しています[7]。また、ヨーロッパのSESAR（Single European Sky ATM Research、単一欧州航空交通管理研究）プログラムでは、4段階のUAS（Unmanned Aircraft System、無人航空機システム）運用ロードマップを提示しています[8]。本ロードマップでは、Phase 4（15〜25年後）で無人の貨物配送、航空輸送が目標とされ、有人機の自動化や、新たなビジネスモデルへのドローン技術の適用、商用ドローンの航空交通管制への統合、といった目標が記載されています[9]。

さらに、国ごとにUTMの方式が異なる場合、国境などでの運航管理が難しくなり、事故リスクが高まるため、世界的な統合の必要があります。そこで、ISO（International Organization for Standardization、国際標準化機構）・ICAO（International Civil Aviation Organization、国際民間航空機関）・JARUS（Joint Authorities for Rulemaking on Unmanned Systems、無人機システムの規則に関する航空当局間会議）が連携する形で、ドローンの運航管理システムの標準化の検討が始まっています。システム開発関連の企業にとっては、ビジネス市場をグローバルにとらえる上で、標準化検討の流れに取り残されないようにする必要があるでしょう。

ドローンが地上のタクシーのように空中を多数飛び交うことになった場合、機体同士の衝突や、飛行が承認されていない機体の侵入などを防ぐため、UTMにはリアルタイムの機体位置の把握、自動の衝突回避、自動の緊急帰還の機能もあるべきと考えます。

ポイント

⊙ドローンの運航管理は、日本では民間企業のシステムをJAXAやNEDOが統合している。国際的な標準化にも目を配る必要がある。

4-3 空飛ぶクルマの交通システム

今後、空飛ぶクルマが加わったときの空の交通システムについて、様々な形態の管制方法が議論されています。NASAのUTMのアーキテクチャを基にして、空飛ぶクルマの「三次元交通管理システム」の全体像を検討します。

空の運航管理システムに関する議論

空中での機体同士の衝突リスクを避けるために、第4章1節で述べたATM、UTM、D-NET、空飛ぶクルマ運航管理システムはどのような形で統合されるべきでしょうか。現時点で決まった案はなく、社会実装が進む中で議論が進んでいくと思われます。その前提で、現在想定されている形態について紹介しましょう（図4-3-1）。

（1）現状のATM、UTM、D-NETのそれぞれに、空飛ぶクルマ運航管理システムを接続する方法……既存のシステムのそれぞれに対する変更は少ない一方、各運航管理システムとの情報をやりとりする必要があり、空飛ぶクルマ運航

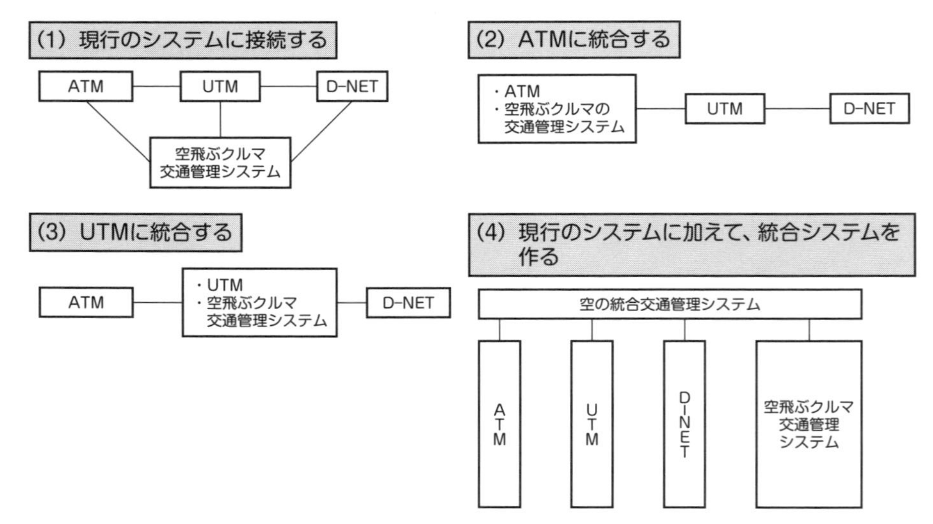

図4-3-1　空飛ぶクルマの運航管理システムに関する議論：空飛ぶクルマ運航管理システムの位置付け

現時点で決まった案はなく、今後、議論が進んでいく。

管理システム側の調整は複雑となります。

(2) 空飛ぶクルマを既存の航空機として捉え、ATMに統合する方法……第4章1節で述べたATMの延長で対応する方法。既に確立されたシステムに入っていく形であり、導入は早くできますが、一方で機数および経路の増大に対して低高度における安全性確保の観点から対応しきれない可能性が高くなります。

(3) 空飛ぶクルマをドローンの延長として捉え、UTMに統合する方法……第4章2節で述べたUTMの延長で対応する方法。機数の増大への対応についてはこちらの方が相性は良いですが、物と人を運ぶことでの要求仕様の違いへの対応は容易ではないと考えられています。

(4) ATM、UTM、D-NET、空飛ぶクルマ運航管理システムを統合的に扱い、空の統合交通管理システムを構築する方法……階層としては増えてしまうものの、この形を採ることで既存のものと新規のもの、有人機と無人機を同列に扱うことができ、汎用性は高いです。

これらの覇権争いがあり、UberやAirbus、Googleなども運航管理システムに取り組んでいます。そのビジョンを早めに描き、政府や関係者との適切な調整を図り、社会にとって利となる仕組みを構築できた人が、その最終的なビジネスメリットを得られるのかもしれません。

モビリティの4つの管理方式

現在の航空交通管制は、中央と情報をやりとりしながら指示・許可によってコントロールされています。このような管理方法は「中央集権型」と呼ばれます。モビリティの管理方法は次の4種類に大別できます（**図4-3-2**）。

①中央集権型（前述）

②分権型…中央で管理する形ではなく、管理者を分散させ、それぞれの（管理者の）もとでコントロールされています。現在のIFR（後述）による飛行が近いイメージでしょう。

③自律分散制御型…現在の自動車のように、それぞれ交通ルールに従いながら個別に運転します。現在のVFR（後述）による飛行が近いイメージでしょう。

④ Peer-to-Peer型…移動体が相互に情報交換を行いながら自律的に飛行します。

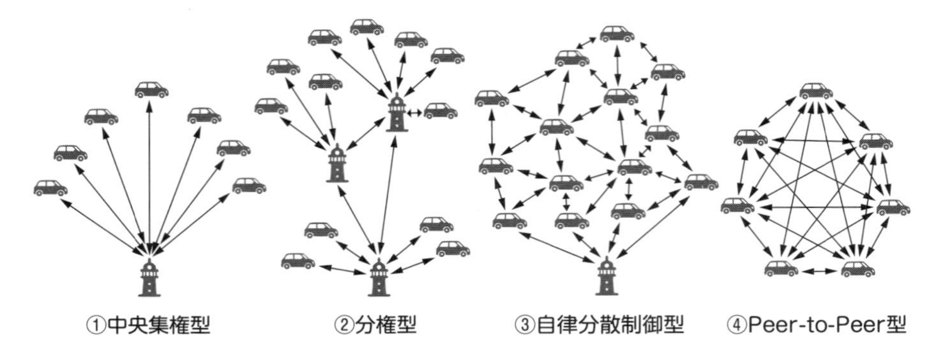

図 4-3-2　モビリティの 4 つの管理方式

用途によって管理方式は異なる。

管制（コントロール）は受けません。

空飛ぶクルマの場合も、現在の技術レベルや航空法の下では集中管理型が続くと考えられています。技術や法律がさらに整備されれば、空飛ぶクルマの場合、これらの管理方式は用途によって異なることが特徴となるでしょう。例えば、NASA のレポート(10)に登場した「air metro（エア・メトロ）」という、あらかじめ設定された航路上の停留所に順次停止しながら定期運航する場合は、中央集権型が続くでしょう。air charter（エア・チャーター）、空飛ぶタクシー、自家用の空飛ぶクルマの場合は分権型になるでしょう。災害・救命救急・警察などの場合は運航経路が一定でなく、衝突回避を避けるため中央集権と自律分散制御を併用する運航管理のもとで優先飛行をしていくことになるでしょう。Peer-to-Peer は自律制御型の 1 つです。

1. レジャー

　私有地で他の飛行体がいないところを自由に飛行。

2. エア・チャーター

　事前予約して、分権型運航管理のもと 3 次元上の仮想道路を飛行。

3. 空飛ぶタクシー、自家用

　オンデマンドで、分権型運航管理のもと 3 次元上の仮想道路を飛行。将来は自律分散制御型も期待される。

4. エア・メトロ

　前もって設定された仮想線路上の停留所で順次停止しながら定期運航。中央集権型管理。

5．災害、救命救急、警察など

経路は必ずしも一定ではない。衝突回避を避けるべく、集中管理と自律分散制御を併用する運航管理のもとで優先飛行。

システムアーキテクチャを検討する

空飛ぶクルマ研究ラボで考える「三次元交通管理システム」のシステム全体のアーキテクチャ（第1章4節参照）を**図 4-3-3** に示します。ステークホルダーとして機体メーカー、地理や天候データを提供するサービスプロバイダー、一般市民、操縦者、機体などの関係が記述されています。空飛ぶクルマの運航には、これらのニーズも考慮しないといけません。

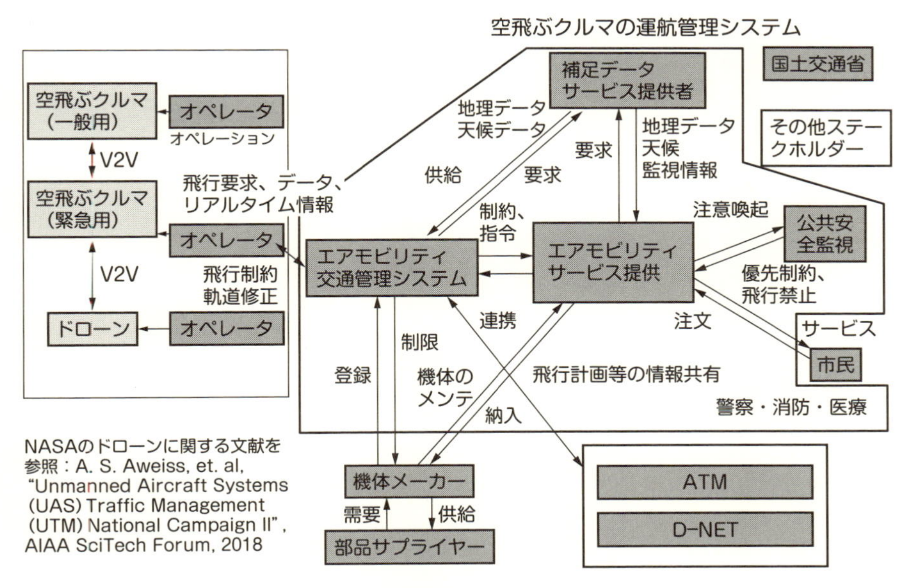

図 4-3-3　三次元交通管理システムのアーキテクチャ

ステークホルダーとの関係が図示されている。V2V は Vehicle-to-Vehicle。

ポイント

◉空飛ぶクルマの管理方式は、用途によっては現在の集中管理型から分権型に変わっていく場合もある。

4-4 通信と飛行方式

空飛ぶクルマの飛行が実現するとき、航空交通管制や衛星、および機体間の情報はどのようにやり取りされるか、通信と飛行方式について説明します。

(1) 通信の周波数

空飛ぶクルマを航空法の下、安全で効率的に運航させるためには、機内にアビオニクス（飛行のために必要な通信機器）を搭載し、位置情報や気象状況についての情報を得ます。そのとき、機内のアビオニクスは地上の基地局と航空通信をします（V2I：Vehicle-to-Infrastructure）(11)（**図 4-4-1** の中の①参照）。2〜3km の近距離の通信には、一般的には VHF（Very High Frequency、超短波）無線の周波数として 30〜300MHz を使いますが、航空無線では 118〜136MHz を使います(12)。波の性質として、周波数が高いほど波が減衰しやすい特性があります。一

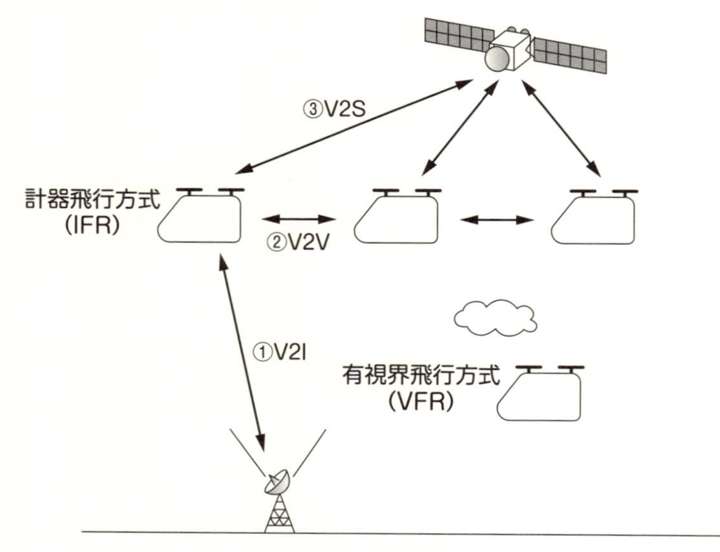

図 4-4-1　通信と飛行方式

① V2I とは Vehicle-to-Infrastructure、② V2V とは Vehicle-to-Vehicle（空飛ぶクルマ）、③ V2S とは Vehicle-to-Satellite（衛星通信）（それぞれ詳細は本文参照）

方、広い海の上を航行する航空機の場合は遠距離通信用としてHF（High Frequency、短波、30MHz[12]）帯、あるいは衛星通信を使います。空飛ぶクルマの運用では近距離用の高周波数帯が盛んに使われるでしょう。次に説明する空中衝突防止装置（1030–1090MHz）では高周波のUHF（Ultra High Frequency、極超短波）を用います。

(2) 航空機衝突防止策（図4-4-1の②参照）

図4-4-2に示すような航空機衝突防止装置（ACAS：Airborne Collision Avoidance System）とは、地上の管制に依存せず周囲の航空機に位置情報を発信するための「機体と機体の通信手段（V2V：Vehicle-to-Vehicle）（図4-4-1の②参照）」です。現行の航空法では、最大離陸重量が5700kgを超えるか20席以上の航空機には装備が義務づけられています。

また、国立研究開発法人情報通信研究機構（NICT、National Institute of Information and Communications Technology）と国立研究開発法人産業技術総合研究所（産総研、AIST、National Institute of Advanced Industrial Science and Technology）が共同研究開発しているマルチホップ（multi-hop、無線機に備え付けられたセンサーを中継器として利用し、広範囲におよぶ通信を可能とするネットワーク技術）制御システム「コマンドホッパー」[13]は他の空飛ぶクルマやドローンを経由して管制情報や位置情報を共有し、衝突回避に活かせる可能性を高めます。このほか、近年話題の第5世代移動通信方式（5G）における3.7GHz/4.5GHz帯と28GHz帯の高い周波数帯の通信を活用することができれば、空飛ぶクルマに搭載したカメラで撮影した映像を周囲の空飛ぶクルマと共有でき、機体同士の衝突の回避や飛行先の天候判断に活かせるでしょう[13]。

現在、自動車は自動車間、および自動車・道路設備間で相互通信することにより、交通管理に必要な速度や位置などの情報ネットワークを形成しています（自動車アドホックネットワーク、VANET：Vehicle Ad Hoc Network またはVehicular Ad Hoc Network）。空飛ぶクルマも、空飛ぶクルマ間、および、空飛ぶクルマと地上・衛星間で無線通信（V2S：Vehicle-to-Satellite）することにより、同様の情報ネットワークを形成し、通信の冗長性（一部の機能が損なわれたときの代替手段が確保されていること。システム全体が停止することを防ぐ）やリアルタイム性を高められます（FANET：Flying Ad-Hoc Network、フライングアドホックネットワーク[13]とも呼ばれる）。しかし、動力源が電池であるという制約条件がある空飛ぶクルマでは、機体間のアドホック通信（機体と機体が1対1で無線通信すること）によるエネルギー消費も考慮しないといけません。自動車と異なり、空飛ぶクルマの電池切れは墜落を意味します。無線通信の利便性とエネルギー消費量のトレードオフの関係も一つの課題でしょう。

(3) 有視界飛行方式（VFR）と計器飛行方式（IFR）

航空機の飛行方式には「有視界飛行方式（Visual Flight Rules：以下、VFR）と「計器飛行方式（Instrument Flight Rules：以下、IFR)」の2種類があります。前者は提出された飛行計画のもと、パイロットの責任において目視で飛行します。原則として、有視界気象状態（Visual Meteorological Condition：以下、VMC)、つまり十分に天候の良い日は、VFRで飛行できます。雲や霧の中では目視による安全確認ができなくなるので、雲や霧は避けて飛行します。ただし、VFRであっても、飛行場への着陸時には安全のために管制に従います。一方、IFRは航空交通管制の指示に従わなければなりません。IFRでは天候に左右されることなく飛行できます。空飛ぶクルマが自動運転の場合、夜間飛行する場合はIFRの方が優れています。

なお、空飛ぶクルマのユースケースの一つである離島交通（第2章8節参照）について、空飛ぶクルマ研究ラボの調査ではヘリコプターのパイロットから「比較的短距離の離島間を飛行するという条件下では、VFRの方がIFRより適していることが多い」と聞いています。理由の1つは、VFRの方がIFRより低空を飛行できることがあるからです。一般的に海上には障害物がないため、視程（地表付近の大気の混濁の程度を見通しの距離で表したもの）と雲の高さが有視界気象状態を維持できていれば「人、または、物件から150m」（最低安全高度）を確保しつつ、低高度をVFRで飛行することができるからです。障害物を避けるために高い高度へ上昇せずに済みます。

空飛ぶクルマがIFRで飛行する際の課題は（1）地上施設または衛星を用いて垂直および水平方向の位置情報を高精度に取得できる装置の装備（2）経路上、特に着陸場所の気象状態を正確に取得できる設備の地上への設置（3）IFRで飛行するためにはVFR以上に地上のインフラと機体側への装備品（地上の照明施設や位置情報を高精度に取得できる装置など）が必要になるほか、操縦者自身にも専門知識や計器飛行経験と技能を証明するための計器飛行証明の取得が必要で、全体としてよりハイコストになることが挙げられます。

空飛ぶタクシーのような日常の移動では、95％以上の就航率や定時出発が求められるので、天候不良時やビル風などのような悪条件にも耐えうる、安全で確実な新しい飛行方式の提案が期待されています。

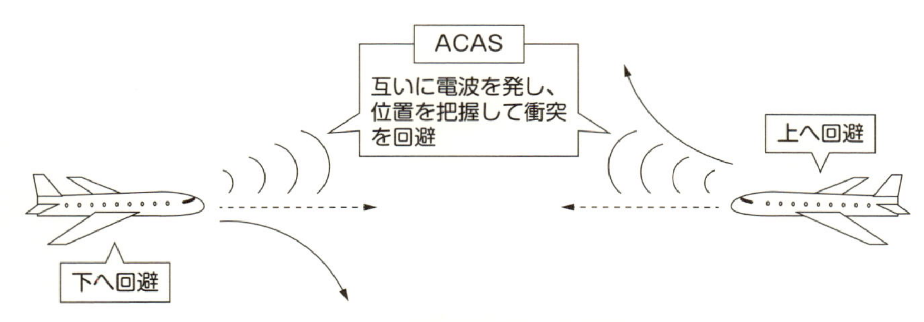

図4-4-2　ACAS（航空機衝突防止装置）の概念図

ポイント

- ⊙機体、地上インフラ、衛星間の通信により、利便性と安全性の向上が期待できる。
- ⊙IFRとVFRは一長一短がある。

離着陸場

空飛ぶクルマの離着陸場は、一般的にvertiportと呼ばれます。vertiportはvertical（垂直）port（港）の略です。

離着陸場に求められる機能

空飛ぶクルマの離着陸場には、どんな機能が必要でしょうか。空飛ぶクルマ研究ラボでは次のように検討しています。

1）動力源の供給…eVTOLの動力源は基本的にはバッテリーです。例えば、Uberは機体の最大離陸重量が1814kg（4000lbs）の場合、400Wh/kgのバッテリーを搭載すると発表しています(15)。このとき、バッテリーが機体重量の1/3を占めると仮定すれば、240kWh程度のエネルギー量が必要になります(15)。日産自動車の電気自動車「リーフe+」（2019年）の搭載電池が62kWhですから、空飛ぶクルマの場合、エネルギー量は電気自動車の4倍以上になるというイメージです(16)。

この動力源の供給方法は、例えば空飛ぶタクシー（第2章1節参照）が一回のフライト終了後、一度着陸して次の客を乗せるとき、「消費したバッテリーを離着陸場にて急速充電する」、あるいは「離着陸場で一度バッテリーを取り外し、既に充電されたものと取り替える」のどちらが適しているでしょうか。後者の場合はバッテリーを充電するスタンド、予備バッテリーの保管場所、その交換業務の担当者が必要になり、時間とコストが発生します。この動力源の供給方法について、Uberは前者を、ドイツのVolocopterは後者を採用すると発表しています(17)。

バッテリーは使用し、充電するたびに劣化していきます。このため、バッテリーの使用回数を考慮する必要があるでしょう。急速充電は、長時間充電に比べてバッテリーの劣化を早めます。バッテリーのサイクル寿命は放電深度（電池の放電容量に対する放電量の比）、負荷、温度にもよりますが、500～1000回です(18)。また、どんな離着陸場でも充電できるように、バッテリーのコネクターを統一するべきです。コネクターは物理的な摩擦により消耗するので、離着陸場に交換部品の準備も必要です。高層ビルの屋上が空飛ぶクルマの離着陸場候補地の一つに挙がっていますが、屋上は雨風にさらされることが多いため、充電設備のインタフェースとなるコンセントを汚れから防がなければなりません。離着陸場に待機する複数の機体にエネルギーを供給できる充電器や充電ケーブルも必要です。ハイブリッドの動力を持つ機体の場合、燃料を供給しますが、屋上に燃料供給設備を置くことは容易ではありません。

2) 夜間の離着陸…航空法で「夜間」とは日没から日の出までのことです。都心は夜間であっても、地上の明かりが多く地形を把握しやすいですが、郊外では地上の明かりが少ないため月あかりがなければ真っ暗になります(19)。さらに、夜間は操縦士の視覚情報が大幅に制限されるため、障害物の発見が昼間と比べて難しくなります(19)。このため、離着陸場の照明装置が必要です。離着陸場付近の地域住民に配慮した騒音対策も、昼間より重要です。現在、ヘリコプターに関しては、夜間の遊覧飛行はほとんど未実施です(19)。しかし、これらのインフラが十分準備され、昼夜問わず離着陸が可能になることによって、サービス範囲は広がると期待されています。

3) 離着陸時の位置と風の把握…離着陸場付近では、空飛ぶクルマの機体と吹き下ろし（第3章14節）の相互作用（地面効果）により機体の姿勢制御が難しくなります。その場合、ドップラーライダーを活用することが離着陸場付近の風速の監視に役に立ちます。ドップラーライダーとは、空中の粒子にレーザーを照射し、ドップラー効果による周波数の変化から粒子の相対速度の変化を読み取ることで、離れた場所の風速を観測できる装置です。これを地上の設備もしくは機体側に搭載することで、機体の着陸経路における風向風速の状況把握が可能になり、着陸時の機体の姿勢維持に役に立ちます。しかし、既存のドップラーライダーの価格は数億円にものぼるため、空飛ぶクルマの離着陸場への応用にはその精度とともに価格の低下が必要です。

4) 離着陸の自動化…IFRの場合でも、離着陸場において誘導が必要です。この誘導をどれだけ自動化できるかは、離着陸場の無人化と低コスト化が実現できるかに関わります。空飛ぶタクシーのサービスでは多くの離着陸場が必要になりますが、それぞれに人を配置するのは多大な人件費を必要とするからです。

5) 離着陸地の拡大…空飛ぶクルマが空陸両用車の場合、着陸後そのまま自動車機能を使用して目的地まで移動できるため利便性が向上します。その場合、高速道路のパーキングエリアや一般道に隣接した駐車場が離着陸地候補になります。しかし、交通事故の場合に空飛ぶクルマで医師を運ぶ場合、道路に着陸することもあるでしょう。その場合、いきなり道から浮上したり、道に着陸したりするわけにはいきません。安全のために走行車線を封鎖（時には対向車線も）する必要があるでしょう。イギリスのドクターヘリは、大都会の道路で離着陸を繰り返していますが、その付近の安全確保や騒音問題が課題となっているそうです。[(20)、(21)]

離着陸場の候補地

1) ビルなどの緊急離着陸スペースの利活用

東京で空飛ぶタクシーのビジネスを展開する場合、離着陸場に複数の機体を収容する必要が出てきます。都内でそんな場所を新たに建設できるでしょうか。ヘリポートには（1）一般的に利用できる「公共用ヘリポート」（2）設置管理者（県庁・県警・病院など）の利用目的に沿ったヘリコプターの運航者を特定する「非公共用ヘリポート」（3）臨時的に航空局から許可を取って、ヘリポート以外の場所に離着陸する「（飛行）場外離着陸場」（4）各自治体の基準で設置される「緊急離着陸場（H マーク）」および「緊急救助用スペース（R マーク）」の 4 種類があります。ただし、緊急救助用スペースには着陸できません。東京のビルにはヘリポートが多く、その数は約 80ヵ所です。これは世界でもトップクラスですが、そのほとんどが H マークの緊急離着陸場であるため、原則としてその建物の火事や災害時のみの利用にとどまり、通常時は使われていません[(22)]。空飛ぶクルマ研究ラボでは、これらの遊休空間が空飛ぶクルマの離着陸場の選択肢の一つになりうると考えています。

その理由を説明しましょう。既存の離着陸場の設置基準は各自治体によって定められていて、例えば川崎市の緊急離着陸場等の設置指導指針によると、緊急離

図 4-5-1　ヘリポートの例

着陸場の着陸帯には運航最大機体重量（5t）の規定定数である 2.25 倍を掛けた荷重に耐えられることが求められます[23]。この規定係数を仮に空飛ぶクルマにも応用して考えてみましょう。例えば、空飛ぶクルマの代表例の一つ Volocopter は二人乗りで 450kg 程度の機体[24]ですから、1t 程度の荷重に耐えられれば良いことになります。また、東京都の場合は 10750kg の短期衝撃荷重に耐えられる設計と規定されています[25]。つまり、Volocopter と同等程度の機体であれば、川崎市や東京都の緊急離着陸スペースに離着陸できる可能性があります。ただし、実際に許可されるか、まだ分かりません。高層ビルの屋上では風が強くなるため、離着陸の危険性が高まります。例えば、六本木ヒルズの屋上は風が強く霧が出やすいため、残念ながら通常の離着陸場としては使いにくいでしょう。

2）駅周辺や、郊外のコンビニの駐車場

駅周辺、およびコンビニエンスストア（以下、コンビニ）の駐車スペースも離着陸場候補地になると考えます。前者の場合、例えば、写真（**図 4-5-2**）のように大分駅前には駐車が可能なスペースが多く取ってあります。また、大分駅の屋上広場も小型機であれば離着陸できる可能性があります。この屋上広場は隣接するホテルのフロントにつながっています。ユーザーにとって、駅に近い場所やコンビニから離着陸が可能になると利便性は高いでしょう。このため、空飛ぶクルマで舞い降りて、すぐフロントでチェックインできます。後者のコンビニについては、郊外の場合、広い駐車場がよく見られます。

店員や一般市民による離着陸の誘導・支援は可能か？

駅周辺、およびコンビニの駐車スペースを利活用するとき、店員や一般市民が離着陸を支援できれば、離着陸場の人件費を下げられます。また、空飛ぶクルマ

図 4-5-2　空飛ぶクルマの離着陸場候補地の例

（左）JR 大分駅、（右上）大分駅前の駐車スペース、（右下）大分駅の屋上広場

が常に定まった離着陸場間を移動するわけではないと予測されるため、離着陸を支援する専属のスタッフがいない場合のことも検討しなければなりません。そのために空飛ぶクルマ研究ラボでは、ドクターヘリの離着陸時の支援方法を研究しています。

ドクターヘリは原則、決まった場所（学校や公園など、「ランデブーポイント」と呼ばれる）へ着陸します。そのとき、消防が出動して着陸現場の安全を確保（現場にいる人にヘリの到着を周知して着陸できる場所を確保するとともに、着陸時に障害となりうる物を撤去する）しますが、消防が出動要請を受信してから出動・到着するまで時間が長いため、ヘリコプターがランデブーポイント付近でホバリング（第 3 章 11 節参照）しながら待機するケースもあります。そこで、消防がランデブーポイントまで移動する時間を省くため、一般市民が着陸を支援するという解決案が考えられます[26]。そのアイデアは次のようなプロセスです（**図 4-5-3**）。①出動指令を受けた一般市民がランデブーポイントにかけつける。②到着後、着陸地点の障害物や利用者を排除する。③着陸待ちのドクターヘリに風向

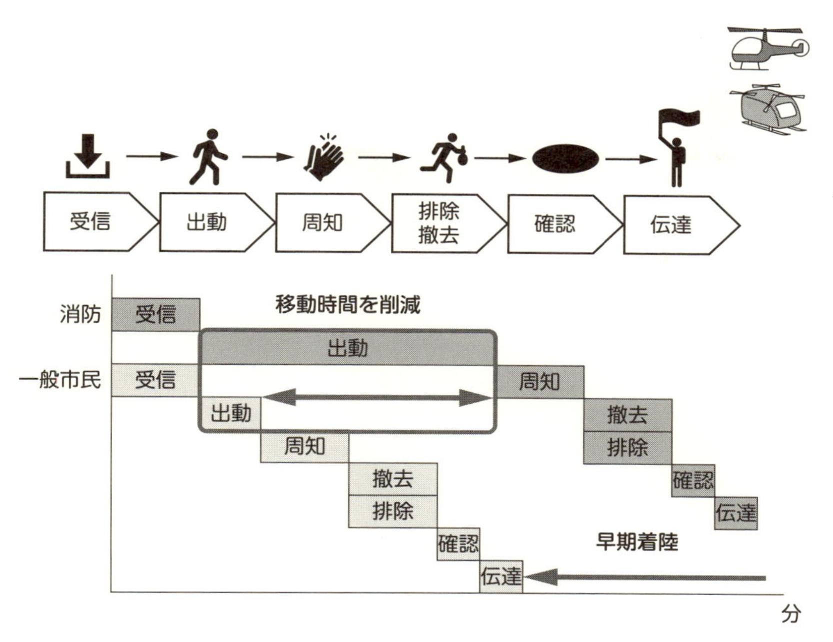

図 4-5-3　ドクターヘリや空飛ぶクルマ着陸時における地上支援の概念図

ドクターヘリ出動プロセスに、図の上部にあるような一般市民の地上支援が加わることで着陸にかかる時間を短縮できるというアイデア。

風速（風の方向と速さ）と着陸準備完了を伝える（1m サイズの大きめの布による視覚信号で伝達する）という方法です(26)。

この方法を空飛ぶクルマの離着陸へ応用することができるかどうか検討した結果、着陸地点の一般市民とパイロットの視覚的コミュニケーションは可能と考えます。一方、課題は一般市民の安全確保と、視覚信号を理解する教育です。また、一般市民にコンビニなどの店員を含めるかどうかは議論となるところです。いくら救命救急医療で人命優先であっても、レジが混んでいれば店員は目の前の顧客対応を優先するのではないかという懸念が残ります。自動着陸支援装置の導入を期待するところです。

ポイント

⦿日本のあまり使われていない緊急離着陸場（H マーク）などは、空飛ぶクルマの離着陸場としてのポテンシャル有り。

4-6 保険への加入

都市交通から地方でのレジャーまで幅広い分野での活用が考えられる空飛ぶクルマですが、新たなリスクが発生することも考慮しなければなりません。

技術的に隣接する飛行体のドローンで、すでに死傷事故や器物損壊などの事故が報告されています。これらのリスクに対して、世界的にもドローンの事故に対する保険が開発され、国内でも大手損保会社を中心に販売されるようになりました。しかし、空飛ぶクルマは搭乗者を含めて数百kg〜数tの重量となる可能性があるため、ドローンとは異なる枠組みで保険制度を考えなければなりません（**図4-6-1**）。操縦ミスや突風などの気象条件、鳥との衝突や低高度を飛行するがゆえの物件への衝突リスクはゼロにならないからです。

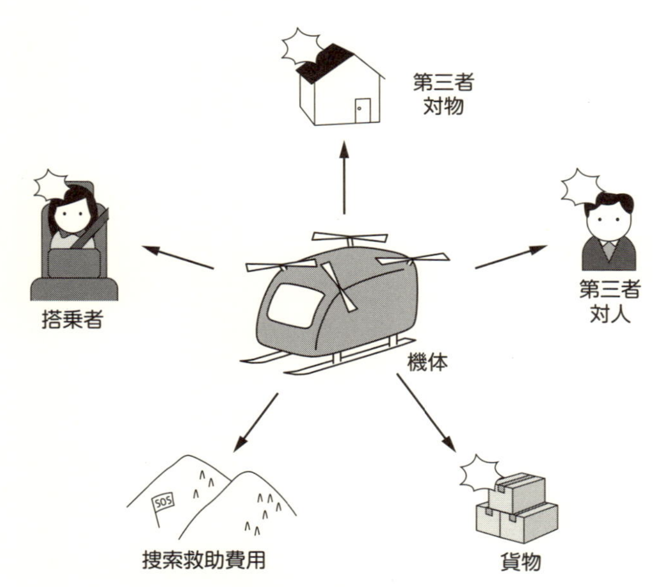

図 4-6-1　空飛ぶクルマの保険の枠組み例

機体に加え、搭乗者、第三者への対人・対物、捜索救助費用、貨物などを補償の範囲とする保険が必要になる。

空飛ぶクルマは重量が大きく、人を運んでいるため、リスクや事故発生時の保険金額は、ドローンと比較すると桁違いに大きくなることが予想されます。また、海に墜落した場合、引きあげ費用は1億円以上かかると言われています。搭乗者が死傷した場合はもちろんですが、第三者の建造物や歩行者などに追突した場合の経済的な損失ははかり知れません。過去に自動車が普及した際には、被害者救済の意味合いから、国による強制保険制度として自賠責保険が作られました。保険未加入者やひき逃げなど賠償先の相手が分からない場合にも国が経済面での補償を担保することで、当時の革新的な乗り物である自動車が広く普及した事実があります。もちろん、民間保険会社による任意保険の開発も必要となります。

2019年、東京海上日動火災保険は国内で試験飛行・実証実験が開始されることに先立ち、空飛ぶクルマを開発中の企業に対して保険商品の提供を開始しました。空を飛ぶという特徴から、従来の航空保険をベースに第三者への賠償責任補償（対人・対物）をカバーします。さらに、補償の適用範囲を、飛行中だけでなく、車として走行している状況にも拡大しています[27]。

ポイント

- ⊙空飛ぶクルマは、搭乗者を含めて数百kg～数tの重量となるため、ドローンとは異なる枠組みで保険制度を考えなければならない。
- ⊙空飛ぶクルマのメーカー向けの保険商品では、従来の航空保険をベースに第三者への賠償責任補償（対人・対物）をカバー。補償の適用範囲を飛行中だけでなく、車として走行している状況にも拡大。

4-7 運航補助データサービス

空飛ぶクルマの運航をサポートするためには、どんな情報提供が必要でしょうか。この節では特に「位置情報サービス」「気象サービス」「インターネット通信」について説明します。

空飛ぶクルマの運航には、**図 4-7-1** で示すような3つのサービスが必要です。

1) 位置情報サービス…空中を飛ぶとき、手動運転でも自動運転でも、機体同士の位置把握は安全のために必要です。低高度で多くの空飛ぶクルマが飛ぶと仮定する場合、既存のフライトレーダーやGPS（Global Positioning System、衛星測位システムの1つ）などを活用したGNSS（Global Navigation Satellite System：全球測位衛星システム、衛星測位システムの総称）のさらなる利活用が期待されています。また、**図 4-7-2** に示すような準天頂衛星により、衛星からの信号が障害物のないほぼ真上（準天頂）から受信できるようになり、山間部や都心部高層ビル街のGPSはさらなる利用効率の改善が期待できます。空飛ぶタクシーもその恩恵を受けられるでしょう。しかし、一般にGPSの高度情報の精度が水平方向に比べて低い問題も残っているため、冗長性のために機体側に電波高度計の装備は必要でしょう。また、ACAS（第4章4節参照）も位置情報を発信しています。衛星や地上の管制からの通信だけでなく、機体間の通信も機体の位置情報の送受信に活かすことができるでしょう。もし、空飛ぶクルマの運航が高密度になった

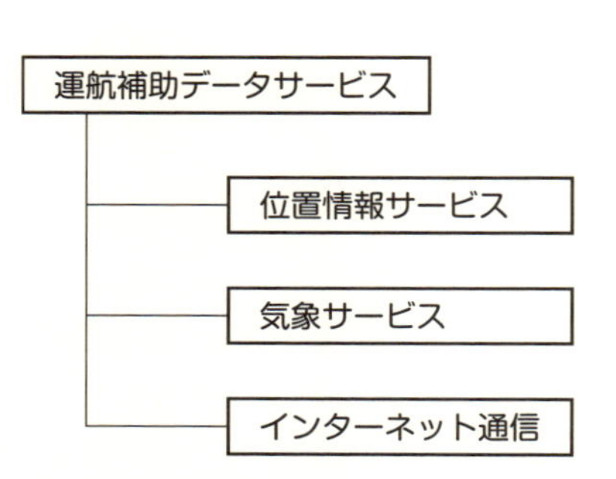

図 4-7-1　運航補助データサービス

これらのサービスで空飛ぶクルマの運用をサポートする。

場合は、機体と地上、機体と衛星、機体と機体の効率的な通信の仕組みが必要になると考えます。

2）気象サービス…空飛ぶクルマが空を飛ぶ以上、気象にはどうしても左右されます。高い就航率と定時出発を維持するには、経路上の雨・風・雲の情報はリアルタイムに取得するべきです。しかし、既存の気象予測システムでは、数十m間隔の予測はまだ不可能と考えられます。量子コンピューターやスーパーコンピューターなどの演算能力の向上により、気象予測のメッシュの細分化がこの課題の解決に役立つことが期待されています。特に、空飛ぶクルマの大敵である突風をあらかじめ検知できる「ドップラーライダー」（第4章5節参照）の小型化・低コスト化・高精度化が期待されています。

3）インターネット通信…最近は民間航空機の機内でも、衛星通信によって乗客がインターネットを利用できます。空飛ぶクルマは150〜1000mの高度を飛ぶと予想されるため、地上の基地局からの通信が実現できます。移動体通信の電波が空路へ向けた偏向性を持つことにより、5〜6kmの通信距離を持つ地上の基地局からの通信を活用して、空飛ぶクルマの機内でもインターネットを利用できるでしょう。

なお、位置情報・気象情報・インターネットの通信でどのようにやりとりするにしても、妨害や乗っ取りなどに対するセキュリティは、今よりさらに厳重な対策を取らざるを得ないでしょう。

図4-7-2　準天頂衛星みちびき（JAXA）

ポイント

◉気象サービスではリアルタイムに飛行ルートの気象データの検知および、10分先、1時間先、24時間先の気象を予測する技術が必要。技術のブレークスルーが必要。

4-8 サービスアーキテクチャ

空飛ぶクルマが自動車や航空機のように広く普及した場合、様々な関連サービスが生まれることが予想されています。

交通に関する様々な課題を解決し、新しい価値を消費者に提供する可能性がある空飛ぶクルマの市場規模は、ドイツの自動車メーカーPorsche（ポルシェ）のコンサルティング会社Porsche Consulting社の予測によると、2035年には約2万3000機が普及し、都市間交通サービスの市場規模は約320億米ドル（3兆5200億円、1ドル110円で計算）と予想されています(28)。ただし、この市場予測はモビリティサービスに限定したものであり、実際には**図4-8-1**のようにより広い業界へ波及する可能性があります。

本節では、空飛ぶクルマの普及による関連業界への波及効果をサービスアーキテクチャの手法を用いて説明します。具体的には、空飛ぶクルマで予想される業

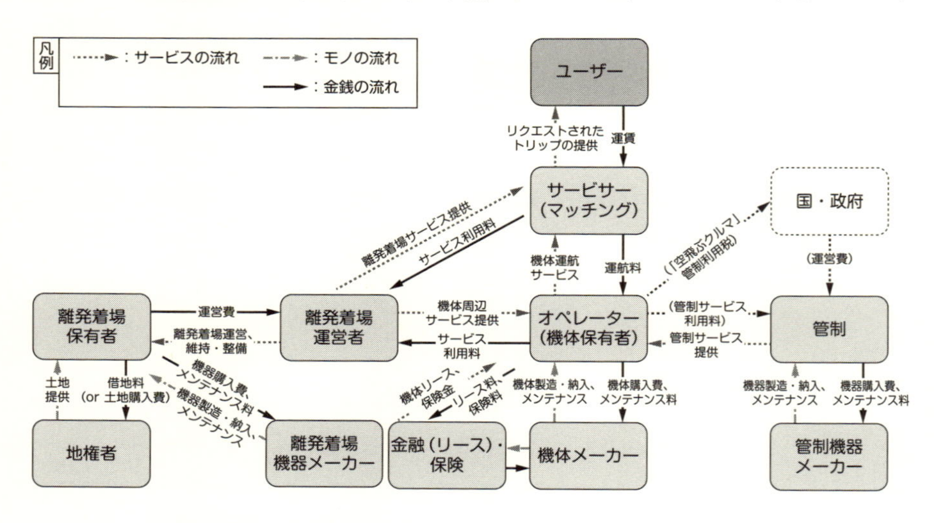

図4-8-1　「空飛ぶクルマ」に関わる事業領域の全体像

事業領域全体を捉えるために、機体の開発・販売だけでなく、メンテナンス、運航サービス、離発着場運営、金融などを加味して整理する必要がある。

界構造を、近接する業界である航空業界、および自動車業界との比較で考えます。

航空業界の場合、飛行機の離着陸を行うための空港、および空港の建設会社や不動産管理企業が必要となります。加えて、空港に関する運営や、空港設備の維持・メンテナンスをする企業も必要です。現行の航空法と同様に、空飛ぶクルマも安全性確保を目的とした飛行の都度の整備・点検が必要でしょう。その場合には空港に整備・点検をする設備や要員を配置する必要があります。また、空港における日々の離着陸・搭乗に関するオペレーションを担当する企業も必要となります。空飛ぶクルマの普及期や、将来的に大型化・高級車化などが進んだ場合は、高額な機体購入を個人・企業が単独で導入することは難しいと考えられ、航空機同様にリースといった金融サービスも必要となります。2020年には航空機の50%がリースによって導入されると予想されています[29]。

さらに、自動車業界を例に考えてみると、自動車整備の事業場は国内だけでも約9万2000ヶ所存在しており、その市場規模は5兆5295億円に上り、空飛ぶクルマにおいても大きな波及効果が予想されています[30]。また、UberやLyft（リフト、アメリカの運輸ネットワーク企業）に代表される、消費者とドライバーをマッチングする事業者や、人に加え貨物を運搬する業者も必要になります。機体が高額であれば、個人・事業者に対する自動車ローン、事故に対する備えとしての損害保険、また、近年普及が始まったMaaS（Mobility as a Service）のサブスクリプションモデル（一定期間の利用に対して定額課金する販売方式）においては、FinTech（フィンテック）に代表される新たな決済手段などの金融関連サービスも必要となります。

空飛ぶクルマによって空の移動が大衆化されれば、不動産や金融などの幅広い業界に経済効果が波及することが予想されています。

ポイント

- 空飛ぶクルマは、機体製造やモビリティサービスのみならず、機体・施設整備事業、不動産、リース・保険などの金融事業などにも経済効果が波及する。

インタビュー

航空機電動化（ECLAIR、エクレア）コンソーシアムの目指すもの

国立研究開発法人 宇宙航空研究開発機構（JAXA）航空技術部門 次世代イノベーションハブ ハブ長　**渡辺重哉 氏**

世界の航空動向では、「今後 20 年間で航空輸送需要は約 2.4 倍に増加する」とされています。国際民間航空機関（International Civil Aviation Organization, ICAO、国際連合経済社会理事会の専門機関の一つ）は、2010 年の総会で、国際航空において 2050 年まで燃料効率の年２％の改善、2020 年以降、CO_2 排出量を増加させないとの目標を示しました。日本はどのように取り組んでいるか、「航空機電動化（ECLAIR）コンソーシアム（以下、コンソーシアム）」についてインタビューしました。

オープンイノベーション方式で航空機電動化実現の議論

従来の航空工学技術や運航方法、インフラなどを改善した場合の CO_2 排出量は 35％減にとどまると予想されています。これでは航空需要の大幅な増加を考慮した上で CO_2 排出量を半減するという目標には全く不十分なため、航空工学分野だけでなく、他分野とも連携した航空機の電動化技術の創出を迫られています。

そこで 2018 年、JAXA が中核となりコンソーシアムを設立しました。おもに、航空産業、自動車産業、電機産業、素材・部品産業などが集まり、オープンイノベーション形式で航空機電動化の実現に向けて議論をしています。目的は２つ、航空機電動化技術の研究開発により技術面の国際競争力を強化すること、さらに産官学の連携を通じて産業界のイニシアチブを醸成し、日本の航空産業の規模と裾野を飛躍的に拡大することを目指します。会員要件は、企業や組織の方向性とコンソーシアムの目的、および将来ビジョンが合致し、コンソーシアムが提案した技術ロードマップの実現において何らかの貢献ができることです。

世界ではヨーロッパが2008年にEUの研究イノベーションプログラム「クリーンスカイ」を設立し、EU からの出資を受け航空機の電動化に関するプロジェクトを進めています。欧米に比べると、日本は全体的なシステム開発では遅れていますが、一方、キーとなる電気部品であるインバーター技術など、電動化を実現する重要な要素技術には秀でています。コンソーシアムでは、それらの多分野の

知見や経験を共有することで、CO_2 排出量を大きく低減するための新たな技術開発を目指します。

コンソーシアム運営で大切にしていること

初年度は「航空機の電動化により、何年後に、どんな世界を作っていくか（将来ビジョン）」「それに向けて、どんな技術開発をどういうステップで進めていくか（技術ロードマップ）」を徹底的に議論し発表しました。議論では、各業界の理解を深めるための情報共有、将来ビジョンの構築を通じた目的や目標の共有に時間をかけました。今後は将来ビジョンとロードマップを実現していくための技術開発を進めていきます。

コンソーシアムを進めるなか難しいことは、JAXAは世界的なCO_2排出量の低減に対して日本がどのように寄与できるかという将来目標の実現に注力していますが、参加企業にとっては当然ながら営利的な目標も求められるところです。我々は将来的な技術目標を予測することはできますが、売り上げなどの営利的な活動に対する数字の保証はできません。現時点では世界のどこにも正解はないので、新しい世界を切り拓く覚悟を決めて研究開発を進めるしかないわけです。コンソーシアムでは互いにイコールパートナーシップ（対等な関係の連携）でのつながりを保ちながら、将来ビジョンの実現を目指していきます。

空飛ぶクルマの共通基盤も研究開発

コンソーシアムでは、小型で電動のVTOL機として「空飛ぶクルマ」にも取り組み、新しい産業の創出を模索しています。業種横断的に協調領域、競争領域とカテゴリー分けをしたうえでサブグループを組んで技術開発を行っています。2年間のプロジェクトのうち、その途中で成果発表会を、ゴールには成果報告書を作成する予定です。

空飛ぶクルマについては、日本での利用を考えると、個人的には海外で話題が盛り上がっている都市の渋滞回避より、山間部や離島での移動および災害時の救助活動など公共的な課題を解決する移動手段として発達していくことを期待しています。それが社会の共感につながるでしょう。

渡辺重哉（わたなべ・しげや）

1985 年 東京大学工学部航空学科卒業、1987 年 東京大学大学院工学系研究科航空学専攻修士課程修了。日本航空宇宙学会会長。専門は航空宇宙分野の流体力学だったが、現在は航空機の電動化、安全向上など異分野異業種との連携によるイノベーション創出に取り組んでいる。

第5章

空飛ぶクルマ 実現のための課題

第１章から第４章までの内容を受けて、実現に向けて超えるべきハードルをまとめます。用途、機体技術、インフラの制約を総合したシステムデザインの考え方を改めて説明します。また、第１章から第４章で、触れることができなかった重要な点についても紹介します。

5-1 システムとしての安全性（認証）

空飛ぶクルマは航空法上の航空機の一つとなるでしょう。航空機は安全性を確保するため、航空法により耐空証明と型式証明を取得しなければなりません。空飛ぶクルマの認証について、その考え方を紹介します。

空飛ぶクルマの安全性の検討

「耐空証明」とは、航空機の製造過程、および現状についての安全性が国土交通省令の基準に適合していることを示す認証です。その安全性の項目は、航空法第十条に、①強度、構造、性能、②騒音、③発動機の排出物と記載されています。「型式証明」とは、航空機の型式の設計が安全性の基準（航空法第十二条、前述と同じ）に適合していることを示す認証です。型式証明は機体メーカーだけでなく、装備品メーカーにも義務付けられています。耐空証明も型式証明も国土交通大臣が認定し、国交省が発行します。

近年、各国では民間が積極的に安全基準のルール作りにコミットしていく流れができています。この作業は非常に難易度が高く時間がかかりますが、機体や部品の開発メーカーにとって、ルール作りから参入すれば、ビジネス上の展開で優位性や容易性につながるというメリットもあります。

空飛ぶクルマの安全性を検討するときは、まず既存の安全基準を参照し、飛行安全に関する技術的な共通点を確認することが重要です。特に「耐空性審査要領（国交省発行）」は技術基準としては代表的なもので、FAA（Federal Aviation Administration：アメリカ連邦航空局）、EASA（European Aviation Safety Agency：欧州航空安全機関）の基準と文言が統一されています。ただし、各国で解釈の深さや幅に違いがあるため注意が必要です。

EASAに見られる認証条件の考え方

EASAは、2018年10月、民間からの多くの要請を受けて小型VTOL機に対する認証条件の考え方を示しました。さらに2019年7月2日にSpecial Condition for Small-Category VTOL aircraftとして正式に公表されています(1)。今後もFAAや関係者との議論の中で改訂されるものと思いますが、ここでは、その内容を簡

	Maximum Passenger Seating Configuration 乗員数	Failure Condition Classifications 故障レベルの分類			
		Minor 軽微な	Major 重大な	Hazardous 危険な	Catastrophic 致命的な
Category Enhanced 強化されたカテゴリ		$\leq 10^{-3}$	$\leq 10^{-5}$	$\leq 10^{-7}$	$\leq 10^{-9}$
Category Basic 基礎的なカテゴリ	7～9人	$\leq 10^{-3}$	$\leq 10^{-5}$	$\leq 10^{-7}$	$\leq 10^{-9}$
	2～6人	$\leq 10^{-3}$	$\leq 10^{-5}$	$\leq 10^{-7}$	$\leq 10^{-8}$
	0～1人	$\leq 10^{-3}$	$\leq 10^{-5}$	$\leq 10^{-6}$	$\leq 10^{-7}$

図 5-1-1　EASA が示す VTOL 機の故障レベル分類[(1)]

数字は、事象が起こる確率です。例えば、10^{-9} とは、10 億回に 1 回起こるという意味です。

単に紹介しましょう。

文書内で、小型とは「乗員 9 名まで、3175kg（7000 ポンド）の重量まで」と定義されています。認証は、“Enhanced” と “Basic” の 2 つのカテゴリに区分されます。Enhanced は、人口密集地などで商用で人を運ぶカテゴリで、高い安全性が求められます。機体トラブルの際も、飛行を継続して地上に損害を与えず無事に着陸する仕組みが必要です。Basic では、Enhanced ほどの安全性は求められませんが、機体トラブル時に航空機で可能な滑空や、ヘリコプターのオートローテーションに類似した機能で、無事地上への着陸が求められます。

図 5-1-1 は、EASA が示す VTOL 機の故障レベル分類です。表中で右に行くほど故障の深刻度が増し、最も深刻なレベルは Catastrophic（致命的な）です。Enhanced カテゴリの Catastrophic は飛行を継続できないことであり、Basic カテゴリのそれは、制御できず墜落することを意味します。

なお、Basic カテゴリでは、乗員数によって異なる故障レベルが与えられます。図以外にも詳細の規定があり、例えば、7 名以上の Basic カテゴリと Enhanced カテゴリでの利用では、バードストライク（鳥との衝突）の対策が必要です。

ポイント

- ⊙民間が積極的に安全基準のルール作りにコミットする流れができている。
- ⊙機体や部品の開発メーカーにとって、国内外のルール作りから参入すればビジネス上の展開で優位性や容易性につながるメリットがある。

5-2 運航の信頼性（就航率）

空飛ぶクルマの定期運航サービスでは、台風や雷など天候が非常に悪いときを除いて、乗客が利用したいときに利用できること、すなわち「運航の信頼性」が鍵となります。

空飛ぶクルマの定期運航サービスやオンデマンドサービスでは、台風や雷など天候が非常に悪いときを除いて乗客が利用したいときに利用できること、すなわち「運航の信頼性」が鍵となります。国際民間航空機関（ICAO）は、航空機の就航率を95％以上まで高めるように勧告しています(※)。空飛ぶクルマについても、「運航の信頼性」が求められる用途（例えばビジネスで用いるオンデマンドの地方都市間交通の場合）では、望ましい就航率は95％が一つの目安になると言えます。空飛ぶクルマ研究ラボがニセコのスキーリゾートの経営者に対して行った研究インタビューでも、「富裕層は運賃は気にしないが、『飛べると思っていたのに飛べない』などの事態が生じると、不満足感が通常の顧客より大きい。つまり、安定して飛行できることが非常に重要となる」との意見がありました。

しかし現在のヘリコプターは、低シーリング（シーリング：全天の8分の5以上を覆う雲の底の高度（雲底高度））ならびに強風、雲、霧、雨などによる低視程（視程：地表付近の大気の混濁の程度を見通しの距離で表したもの）（**図5-2-1**）、落雷、降雪などの気象条件が理由で運航できないケースが定期航空より多いのも現状です。例えば、雲が地表から300m以下に下りてくると、通常の有視界飛行方式（第4章4節）のヘリコプターが、空港で離着陸する際には制限が生じます。

こうした有視界飛行方式に伴う気象条件による運航上の制約ゆえに、ビジネスの移動で利用しにくく、その改善が課題となっています。スケジュール変更がある程度可能な遊覧やエアスポーツと異なり、ビジネスなどでは「運航の信頼性」が強く求められるためです。東京都心～成田空港間、羽田空港～成田空港間を含めて10以上のヘリコプターコミューター（2地点間の旅客輸送）が過去に開設または試験的に運航されていました。しかし、その多くが就航率の低さ、および、悪天候下での事故の発生などで廃止になりました。東京都心の高層ビル屋上～成田空港間で2009年から運航し既に廃止となったヘリサービスも、就航率は77％

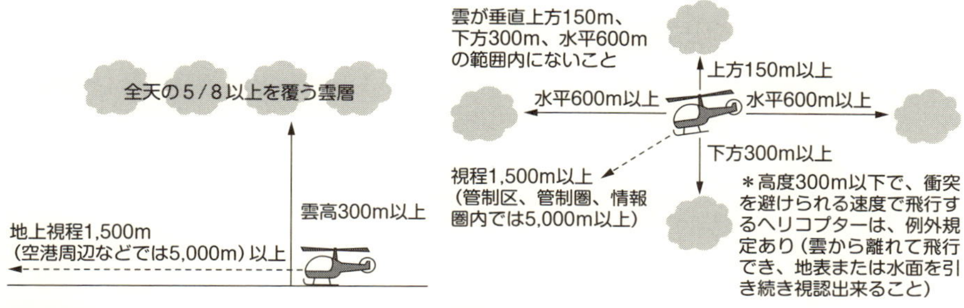

■離着陸
- 視程：1,500m以上（管制区、管制圏、情報圏内では5,000m以上）
- 雲高（シーリング：全天の8分の5以上を覆う雲の底の高度（雲底高度））：地表又は水面から300m以上（航空運送事業の場合）

■飛行中
- 視程：1,500m以上（管制区、管制圏、情報圏内では5,000m以上）
- 雲から一定の距離以上離れること

図 5-2-1　ヘリコプターが運航できる気象条件（有視界気象状態）

有視界飛行における最低気象条件は、航空法施行規則第５条に規定されている。なお風速や雷などの他の現象については、運航会社が個別に基準を設けている。

程度にとどまっていたそうです。23％の欠航理由の内訳は、16％が視程、および、雲底、7％が風でした。有視界飛行方式のみによる運航では、このように就航率向上に限界があるため、ヘリコプターの計器飛行方式による運航が必要です。

そこで、悪天候をリアルタイムで把握しながら雲や強風などを回避して飛行する技術や、空飛ぶクルマに適した飛行方式の開発により、就航率を高めることが必要とされています。空飛ぶクルマの「運航の信頼性」が従来のヘリコプターより向上すれば、市場はより拡大していくでしょう。

※就航率とは、飛行場の利用可能率（Usability factor：滑走路の利用が、航空機の離着陸に悪影響を及ぼす横風による制限を受けない時間の割合）です。ICAOは、飛行場の滑走路の本数、および方位は、就航率が95％以上となるように決めるべきとしています。

ポイント

◉空飛ぶクルマの定期運航サービスは、利用したいときに利用できる「運航の信頼性」が鍵。悪天候をリアルタイムで把握しながら雲や強風などを回避して飛行する技術や、空飛ぶクルマに適した飛行方式の開発が必要。

5-3 空飛ぶクルマとドローンの共通点と違い

空飛ぶクルマはよく「ドローンに人が乗ったもの」と表現されます。しかし、共通点だけでなく、明確な差異があります。

まず、空飛ぶクルマとドローンの共通点は飛行、自動運転、静粛性、軽量化などの機体技術です（第3章で詳述）。インフラでは運航管理、管制、空間情報管理、夜間飛行技術が似ています。それらはコンピュータで管理されるため、サイバーセキュリティやテロ対策が必要なところも共通点です（**図 5-3-1**）。

空飛ぶクルマと一般の民生用ドローンとの違いは機体の重さ、用途、安全性です。機体の大きさでは、民生用のドローンはおもに空撮や警備、インフラ点検をするための撮影用カメラなどだけを積むため機体が比較的軽量ですが、空飛ぶクルマの場合、人を乗せることで機体が重くなります。後者の場合、バッテリーの性能や姿勢制御の難しさに対応する必要があります。

用途としては、ドローンは物を運びますが、空飛ぶクルマは人を乗せます。このため、空飛ぶクルマは機体の快適性（騒音や安定性）も追求しなければなりません。また、ドローンによる物流の目的の一つは、自動化による省人化にともなう「コスト低減」です。一方、空飛ぶクルマの目的は、おもに人の移動における「時間の短縮」で、地上と空のシームレスな移動サービスを可能にすることが求

相　違	項　目
共通点が多い項目	■飛行、自動運転、静粛性、軽量化などの機体技術 ■運航管理、管制、空間情報管理 ■サイバーセキュリティ、テロ対策
異なる項目	■認証（ドローンは自作も可能、空飛ぶクルマは航空機） ■飛行の確実性（ドローンによる検査・空撮・農薬散布は気象条件で延期可能、空飛ぶクルマの救急救命医療・空飛ぶタクシーでは気象条件によらない確実性が必要） ■重量（空飛ぶクルマにおける電動化、騒音低減に壁） ■乗員の快適性 ■意匠デザイン

図 5-3-1　ドローンと空飛ぶクルマの共通点と相違点

空飛ぶクルマとドローンの大きな違いは機体の重さ、用途、安全性。

められます。さらに、ドローンは警備を除いてわざわざ夜飛ばす必然性はありませんが、空飛ぶクルマは救命救急医療や終電後の移動などの夜間に飛行のニーズがあります。

安全性については、ドローンの場合は地上の建物や人の上に落下しない工夫さえできれば機体の物質的損害で概ね済みますが、空飛ぶクルマで墜落事故が起これば、それ以降、社会受容を得ることが難しくなり、ビジネスの継続性は得られないでしょう。このため、安全性を保証する耐空証明や型式証明の認証（第5章1節）はドローンより厳しくなるでしょう。

ドローンによる空撮やインフラ点検の場合、現状では気候条件が悪ければ飛ばせないとあきらめることが多く見られます。一方、空飛ぶクルマの場合、交通システムとして整備していくためには、悪天候による飛行不可という事態はできるだけ避けなければならず、就航率の維持について検討する必要があると考えます（第2節に詳述）。

格好いい意匠デザインも期待されるところです。空飛ぶクルマには夢があります。コラムにもあるように、有志連合CARTIVATORには多くの若者が集いました。ドローンを飛ばしたいと思っていない人も、空飛ぶクルマには乗ってみたいという人が多いはずです。子供たちにも良い結果があるに違いありません。

昔、『鉄腕アトム』に魅せられた子供たちが、大人になってエンジニアとしてロボット開発を主導したように、空飛ぶクルマが若い世代に夢を与えることを期待しています。

このように、ドローンと空飛ぶクルマでは、用途に対する機体やインフラ構築の要求仕様が異なってくると考えます。

ポイント

⊙ドローンと空飛ぶクルマの大きな違いは機体の重さ、用途、安全性。このため、用途に対する機体やインフラ構築の要求仕様が異なる。

5-4 用途ごとの実現性

本書では第２章「輸送サービス」、第３章「機体と要素技術」、第４章「インフラ構築」で、空飛ぶクルマ研究ラボが調査などから得た知見を共有しました。その上で、それぞれの用途の実現性について検討します。

第２章では空飛ぶクルマが必要とされる８テーマ（**図 5-4-1**）について、その背景と理由、実現できたときのイメージ像と社会的メリット、および、そのとき検討が必要とされる課題を説明しました。その８テーマについて、今度は別のいくつかの観点から検討します。本節で用いた観点は（1）ビジネス環境、(2）運航管理システム、(3）ビジネスにおける経済性、(4）騒音やダウンウォッシュ対策の必要性、(5）社会受容性です（**図 5-4-2**）。

空飛ぶクルマ研究ラボでは、事業計画のロードマップを作成するとき、用途ごとに分類し、それぞれのスケジュールで計画を立てることを提案します。

（1）ビジネス環境とは、世界における市場参入の障壁の高低を意味します。空飛ぶタクシー（第２章１節）やビジネス用途の地方交通（第２章６節）は世界中で共通性があります。一方、災害救助（第２章２節）や救命救急医療（第２章４節）で空飛ぶクルマを利活用する場合、国ごとの特殊性を加味しなければならないでしょう。例えば、日本やドイツは基本的に医師を現場に派遣するため、機体は２人乗りから始めることができます。しかし、アメリカ、フィリピン、タイでは患者を病院へ搬送することが基本であるため、機体の乗員数は多くなります。災害救助でも高い山がある国と平野だけの国では、機体に求められる仕様が異なります。

（2）運航管理システムについては「新たなモビリティには新たなシステムが必要となること」を第４章３節で説明しました。

（3）ビジネスにおける経済性とは収益性（採算が取れるかどうか）です。ロサンゼルス、ニューヨーク、デリー、ジャカルタ、マニラ、バンコクなどの交通渋滞の深刻な大都市では、空飛ぶタクシーの市場規模がかなり大きくなると予想されています。リゾート地での観光用途の場合は市場規模が大きくはありませんが、新たなモビリティとして話題性が高まり、経済的にも右肩上がりになる可能性は

都市の空飛ぶタクシー	災害救助	救命救急医療
●世界の都市渋滞は深刻で市場が大きく、経済効果大 ■国際競争が主戦場 ■社会受容性（安全、騒音）が大きな課題	●社会受容性は高い ●自衛隊と技術共用 ■平時の使い道が必要 ▲着陸のフレキシビリティ	●社会受容性は高い ●従来よりコスト削減 ■着陸場の省人化 ▲傷病者の近くまで行ける ●夜の運航が差別化
遊覧観光・レジャー	**地域医師派遣**	**ビジネス用途 地方交通**
●技術的に実現が比較的容易 ●観光業界の関心が高い ■観光シーズンしか利用できない場合がある ■高度が問題	●社会受容性は高い ■低速の空飛ぶクルマでは、自動車と比べて時間短縮効果が薄い場合あり	●地方空港の多くは羽田便、大都市便のみ ●企業誘致のために交通の便が必要 ●市場規模が比較的大きい ■運航の信頼性が必要
離島交通	**過疎地交通**	
●全国には有人島が約420あり、ニーズが見込まれている ●技術・インフラ面で比較的容易 ▲収益性（観光との組み合わせが必要）	●JR廃線後の交通手段（インフラ整備の負担軽減） ●北海道でほぼ全てのJR路線が赤字（年間525億円）で代替ニーズがある ●現在、限界集落が約16,000ヶ所 ▲収益性（観光との組み合わせが必要）	●利点 ■課題 ▲利点でもあり課題でもある

図 5-4-1　市場の特徴と課題

空飛ぶクルマが必要とされる８つのテーマの利点と課題をまとめる。

あります。一方、我が国では、災害救助や救命救急医療は社会ニーズによる公的事業です。

(4) 騒音とダウンウォッシュ対策の必要性とは、社会受容性とつながります。特に営利事業の都市の空飛ぶタクシーでは、離着陸時の音が静かで砂埃もあまり立たないような機体や離着陸場を構築しないと、事業継続は難しいでしょう。

(5) 社会受容性とは新しい技術や商品などが社会の理解や賛同を得られるかどうかという観点です。社会受容性が高いテーマは災害救助や救命救急医療、地域医療を支えるための僻地への医師派遣です。例えば、災害時に道路網が寸断された場合、被災地の状況把握のため担当者を高速派遣するなどの活用が考えられます。一方、都市の空飛ぶタクシーやビジネス用途の地方交通のような事業性が高いテーマは社会受容性を得るまでに時間がかかると予想されます。

これらの観点から検討した結果（図 5-4-2）、高い社会的ニーズがあるのは災害救助、救命救急医療、地域医師派遣、過疎地交通です。早期の実現可能性が見込まれるのは、離島交通、遊覧観光・レジャービジネスでしょう。離島交通は、空飛ぶクルマの底部に浮輪をつけて水面から数mの高さを飛べば、海へ墜落した場合でも安全性を確保できるため、早期実現を見込めます。ただし、漁業組合に配慮することが必要です。海上やレジャー地であれば、社会受容性で懸念される騒音もあまり問題にならない可能性があります。こうして安全確保や騒音低減の技術を高めながら、人口密度の低い地域から高い地域へと実用化を慎重に進めるアプローチが望ましいでしょう。産業振興の点では都市の空飛ぶタクシーやビジネス用途の地方交通は有効でしょう。

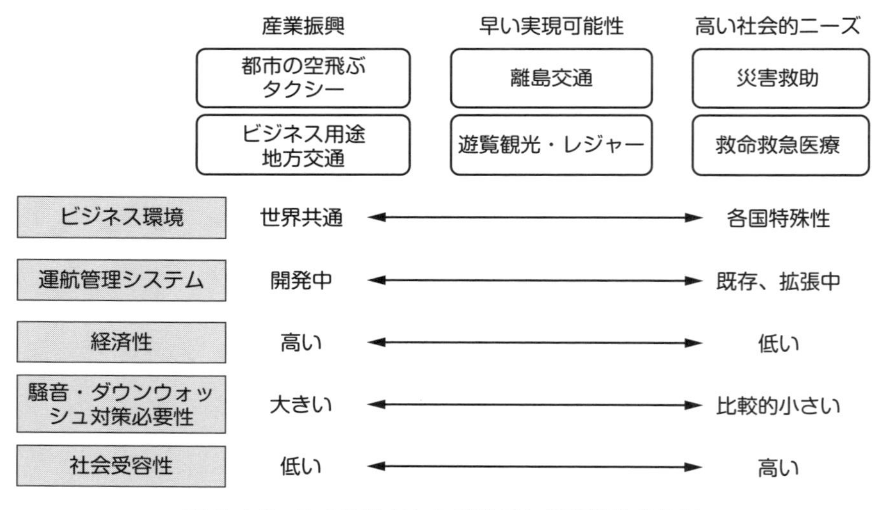

図 5-4-2　5つの観点から用途ごとの実現性を検討

用途ごとのロードマップ作成を提案する。

ポイント

⊙用途によって産業振興の効果、実現可能性、社会的ニーズが異なる。ロードマップは用途ごとに作るべきである。

5-5 標準化

国際的に普及する製品やサービスにおいては、その安全確保、企業間のビジネスにおけるインタフェースオープン化による新規参入促進とマーケットの拡大などの理由から「標準化」が求められます。

安全やビジネスの権利に関わるものを「強制規格」といい、法令によって強制力を持つ標準として定められることがあります（そうでないものは「任意規格」と呼ばれます）。業界団体が集まって案を作成し、公的な機関で標準として認められる場合は「デジュール」と呼ばれます。あるいは、1企業が先行して技術開発を行うか、製品の普及で独占的立場を築くと、それが「事実上の標準（デファクト）」と言われることがあります。デジュールとデファクトは相反するものではなく、デジュールであり、かつデファクトであることが理想的です。

空飛ぶクルマの場合、(1) 機体の安全認証、(2) 機体のソフトウエア、(3) 運

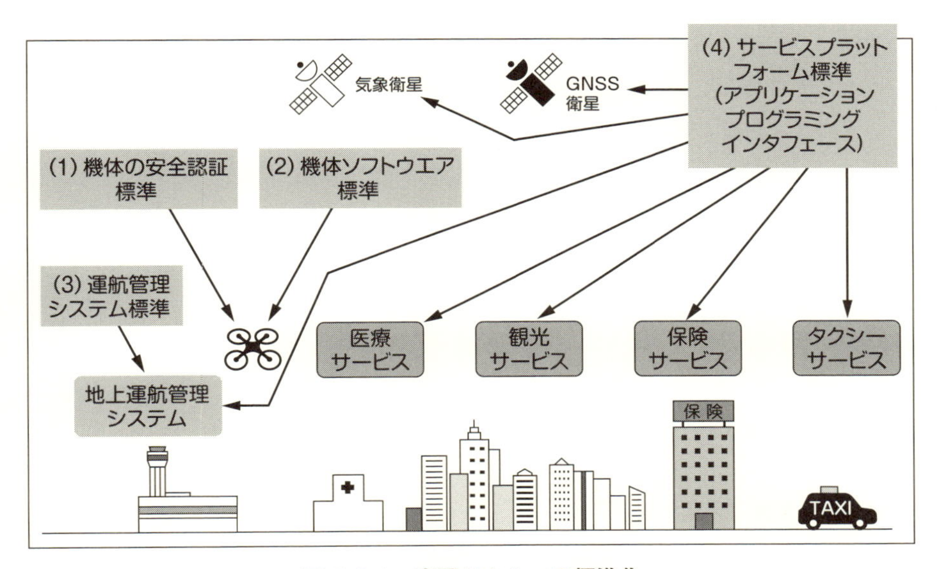

図 5-5-1　空飛ぶクルマの標準化

システムを構成する要素間のインターフェースを決めることが重要になるため、「システム標準化」と呼ばれる。

航管理システム、(4) サービスプラットフォームの4項目が標準化されることが望まれます。それぞれ説明しましょう（**図5-5-1**)。

(1) 機体の安全認証標準

機体の安全に関する認証は重要です。安全性は機体メーカーが異なっても共通の物差しで担保されるべきです。国を超えて機体を流用する可能性があるので、日本だけでなくFAA、EASAなどと認証の考え方が統一（標準化）されるべきです。

2018年に発表された「空の移動革命に向けたロードマップ」でも、「(機体の)認証は国際的な議論を踏まえて策定される」と但し書きが付いています[(4)]。日本国内の大企業が空飛ぶクルマの開発を躊躇する理由の一つとして、三菱航空機の三菱スペースジェット（旧名MRJ）が型式証明の取得に長い年月を必要としていることを懸念材料として捉えている可能性があります。

(2) 機体のソフトウエア標準

機体のソフトウエアは、機体の制御、地上の管制システムとの交信、パイロットや乗員とのコミュニケーション、センサーとのインターフェースなどをつかさどるものです。その標準は、その組み込みソフトウエアを含めて公的機関が主導するデジュールであるべきです。機体の装置が壊れても、人がミスをしても、許容できない危険を回避する安全設計方策が必要です。一方、現実では機体のソフトウエアは世の中に普及したものが事実上の標準、つまりデファクトとなる可能性があります。ソフトウエアにバグがなく、不具合も起こさず、また様々な突発的リスク事象に対して対応できることを監督官庁から認証されたソフトウエアは、デファクトとして一気にシェアを高めるに違いありません。航空業界でこのようなソフトウエア開発・検証をしっかりできる企業が世界を制するでしょう。

(3) 運航管理システム標準

運航管理は、(1) 運航経路計画、(2) 運航スケジューリング、(3) 管制・衝突回避の3つに分けられ、それぞれルールを決める必要があります。

①運航経路計画は、ドローンや一般の航空機と異なる3次元上の飛行経路を事

前に定めておくことです。計器飛行の場合は、その飛行経路に沿って正確に位置を教えるインフラを整備する必要があります。3次元経路間の距離を含めて、飛行経路の決め方などが標準化される事項となります。

②運航スケジューリングは、複数の運航要請があった際に機体ごとの離着陸時刻と飛行経路を決めることです。機体ごとに飛行スピードや風に対する耐性が異なるため、空飛ぶクルマの数が増えるにつれて、人間が運航スケジュールを行うことは難しくなり、共通の規則に基づいて自動化されるべきでしょう。

③衝突回避は機体同士、あるいは機体と運航管理センターとの交信によってなされますが、「どちらが避けるのか、どのように交信するのか」というルールを決めておくこと、すなわち標準化は避けられません。これは、空飛ぶタクシーのような一般の空飛ぶクルマだけでなく、ドローンや従来の有人機であるヘリコプターと空を共有する場面においても必要です。地上と同じように、救命救急や警察、災害救助など緊急車両を優先するルールも必要です。

(4) サービスプラットフォーム標準

空飛ぶクルマには、大都市の空飛ぶタクシー、観光地におけるレジャー、離島間交通、救命救急医療、地方交通、災害救助など多様な用途があります。機体メーカーや運航会社だけでなく、旅行会社、保険会社、シェアリングサービス、気象情報提供会社など、様々なサービスプロバイダーが考えられます。これらサービス関係者間の情報共有の方法について、ルールを決めておく必要があります。また情報伝達プログラムの仕様について、アプリケーション・プログラミング・インターフェース（API）を定義する必要もあります（**図5-5-2**）。MaaSとして、1次元の鉄道、2次元の地上の自動車、3次元の空飛ぶクルマを統合的に利用して、人の効率的な移動をもたらす考えが広まりつつあります（**図5-5-3**）。例えば線路上で電車が故障した場合、修理要員が行きは空飛ぶクルマを用いて現場に急行し、帰りは鉄道に乗り、空飛ぶクルマは自動帰還することが考えられます。都会ではバスや電車など複数の交通機関を乗り換えて目的地に着く経路を得ることは難しくありませんが、過疎地では交通機関の運行間隔が大きく、自動運転車や空飛ぶクルマが必須であると考えられます。従って、MaaSを実現する上で、サービスアプリケーションの標準は重要です。

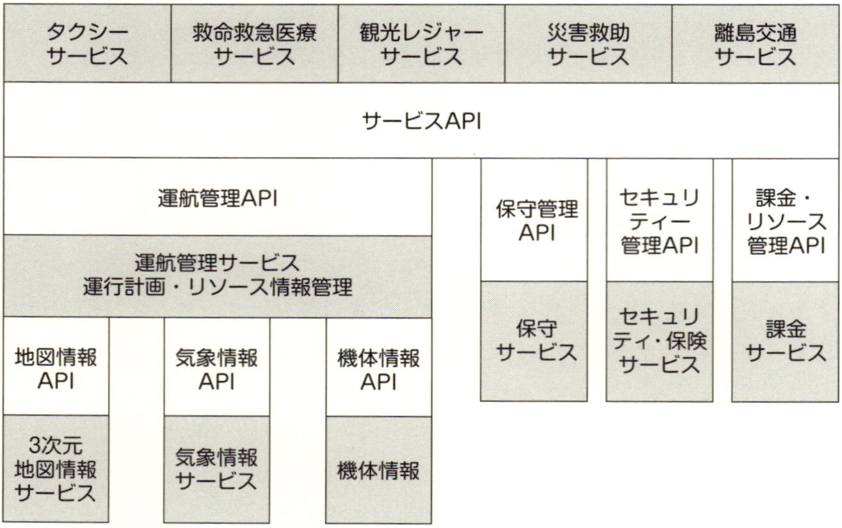

タクシー
サービス
救命救急医療
サービス
観光レジャー
サービス
災害救助
サービス
離島交通
サービス
サービスAPI
運航管理API
運航管理サービス
運行計画・リソース情報管理
地図情報
API
3次元
地図情報
サービス
気象情報
API
気象情報
サービス
機体情報
API
機体情報
保守管理
API
保守
サービス
セキュリ
ティー
管理API
セキュリ
ティ・保険
サービス
課金・
リソース
管理API
課金
サービス

図 5-5-2　三次元交通システム　サービスプラットフォーム（アプリケーション・プログラミング・インターフェース、API）標準

サービスプロバイダ間の情報共有の方法について、ルールを決めておく必要がある。

3次元
飛行機
"空飛ぶクルマ"
ドローン
シェア
リング
通信
保守
セキュ
リティ
保険
ハード
運航管理
自動運転
センサー
衝突回避
（風、故障など）
1次元
電車
管制センター
2次元
自動車

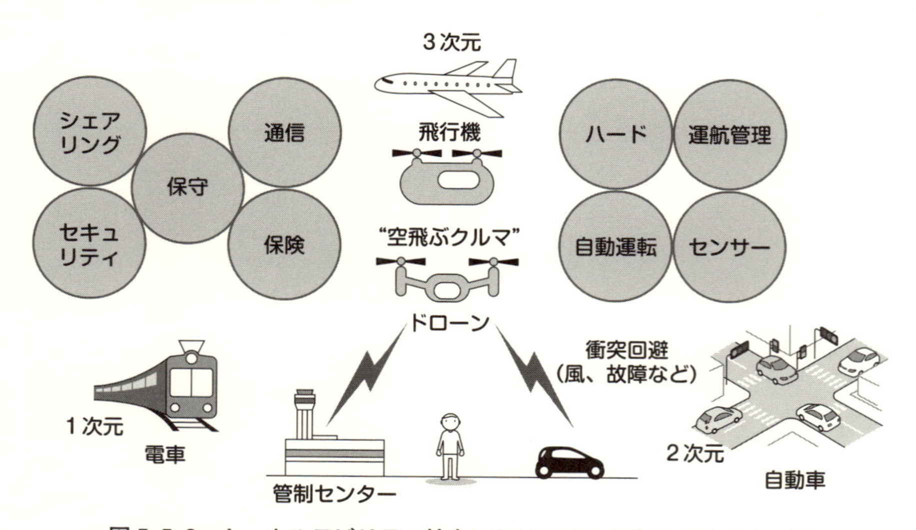

図 5-5-3　トータルモビリティ社会における地上と空の総合イメージ

鉄道（1 次元）、自動車（2 次元）と空飛ぶクルマ（3 次元）を総合的に利用して、人の効率的な移動を可能にするモビリティ社会が期待されている。

このような標準化は、国内だけでなく国際連携の中で行うとよいでしょう。日本でコンソーシアムを作り、国際的な場で提案することが期待されています。

一般に、このような標準化はシステムを構成する要素間のインターフェースを決めることが重要になるため「システム標準化」と呼ばれます。システム標準化を実現させるには、次のことが必要です。

①ステークホルダー分析：ステークホルダーの定義、立場、目的、範囲を定めます。

②言葉の定義：ステークホルダー間で、標準化や作業効率化のための共通認識を得ます。

③システムアーキテクチャモデル：「何が必要か」「欠けているものはないか」「どんな評価手段があるのか」などに気づくために必要です。

④評価基準：標準の妥当性、実際に設計され作られたものが標準に適合しているかどうか（コンパチビリティ）をどのように判断するかの共通認識を得ます。

⑤インターオペラビリティ：各コンポーネント間のインターフェースを定義することによって、新規参入障壁を減らして企業がオープンにビジネスに参加できるようにする。「標準」が使われるためには、十分効率的である必要があります。

⑥事例：実例を開発してそれを文書化することによって、「標準」の誤認識を防止して理解を補助します。

⑦認証：検証ツールを公開し、標準の適合を誰でも確認できるようにします。

このなかで、③のシステムアーキテクチャを記述することが重要であり、この手法として一般にシステムズエンジニアリングの技法が用いられます。実際、地上の自動車のインフラを含む「高度道路交通システム（ITS：Intelligent Transport Systems)」のシステムアーキテクチャの記述にはシステムズエンジニアリングが用いられています[(5)]。

ポイント

- 空飛ぶクルマの標準化には、機体の安全認証標準、機体ソフトウエア標準、運航管理システム標準、サービスプラットフォーム標準の４つがある。
- 日本でもコンソーシアムを作り、国際的な場での提案が期待さている。

5-6 システムデザインの観点から見た実現可能性と課題

本節では、本書のまとめとして、「空飛ぶクルマは本当に実現するか？」「そのための課題を解決する鍵は何か？」について考えます。

第1章において、空飛ぶクルマの実現には包括的なシステムデザインが必要であり、機体技術開発、市場要求、インフラ整備をスパイラルに検討することが必要と説明しました。空飛ぶタクシーで市場規模を推定するとき、運賃や就航率がわからなければなりません。また、機体の制約において、その市場規模を達成することが難しい場合があります。一方、機体開発において乗員数や航続距離の仕様がないと開発が難しくなります。インフラ整備において、運航密度（市場規模）や機体制約（動力など）がわからないと困ります。このように機体技術と市場要求、インフラ整備を同時に考える包括的システムデザインが必要です。重要な観点なので、「救命救急医療」を例に詳しく説明しましょう（**図 5-6-1**）。

救命救急医療における空飛ぶクルマのシステムデザイン

まず、現在、救命救急医療で使われているドクターヘリは一般的に定員6人程度であり、医師、看護師、操縦士、傷病者、整備士が乗ります。傷病者家族が乗る場合や、医師と看護師が2名ずつ乗る場合もあります。（第2章4節参照）。しかし、現在のドクターヘリ事業は運航コストが高く、持続的な経営が危ぶまれているという課題があります。また、ヘリコプターのパイロットの高齢化とパイロット不足が、今後の運航を担う人材確保の面で懸念されています。これらの課題がeVTOLの実現で解決できないか、機体技術の観点で考えてみましょう。マルチコプタータイプのeVTOLは「電動化による維持費の低減」と「操縦の容易化によるパイロット不足の一助」の効果が期待できます。しかし、現在はバッテリーの能力不足などのため短距離しか運航できず、乗員も医師だけを運ぶことだけになります。救命救急医療では救命率向上のために、要請を受けて15分以内に傷病者のもとに到着することが求められます。現在、ドクターヘリが受け持つ範囲は約50kmにあり、マルチコプタータイプでは速度が遅いため（第3章1節参照）、

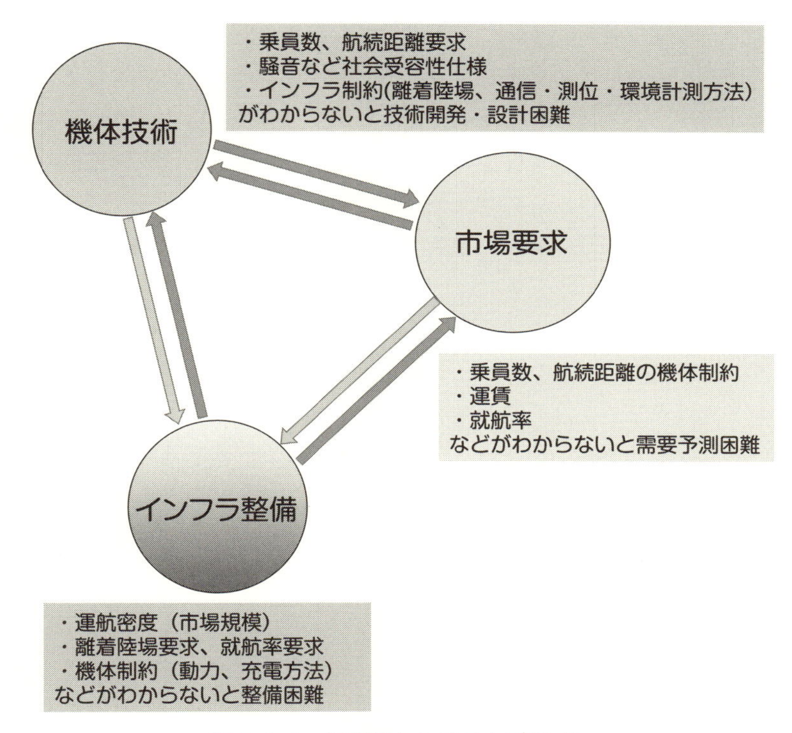

図 5-6-1　包括的なシステムデザイン

実現には、統合したシステムデザインが必要

この仕様を満たしませんので他のタイプの機体が期待されますが、開発が難しいという課題があります。

現在、ドクターヘリの問題の一つとして、各県に概ね１機しか配置されておらず、重複要請時に医師を派遣できない事態が起きています。医師だけを派遣するニーズを満たすなら、重複要請対策としては他県からの長距離を高速で飛行してもらう方法もあります。その場合はモーターだけでなくエンジンも併用するハイブリッドや固定翼タイプの方が有利です。例えば、現在開発が進められている高速のコンパウンド・ヘリコプター（ヘリコプターと固定翼機が複合された機体[6]）などを利用することも考えられます。しかしその場合、機体コストが増加するデメリットもあります。

さらに、インフラ整備について考えます。救命救急医療におけるドクターヘリ出動は夜間にそのニーズの半数が見られますが、夜間運航を実現する場合、離着陸時の夜間照明、あるいは自動誘導などのインフラ整備を含めて考える必要があります。着陸誘導システムが高価で運用コストが上がるなら、夜間運航は難しくなるでしょう。このように、救命救急医療のニーズを空飛ぶクルマで解決するだけでも、システムの多くの要素を包括的に検討することが必要です。

空飛ぶクルマの実現性

それでは、空飛ぶクルマの実現性を2019年8月現在における機体技術と用途の観点から考えてみましょう（**図5-6-2**）。

まず、レジャー用途からです。2018年2〜8月に、一人乗りマルチコプタータイプのeVTOLであるKitty Hawk（キティホーク）、EHang184、Opener（オープナー）社BlackFly（ブラックフライ）の宣伝ビデオがアップロードされました。一人乗りで私有地である海・川・池などの水辺を水面すれすれで数分程度飛ぶ、レジャーとして使う用途は技術成立性が高いと考えられます。その理由は（1）軽量なため、現在のバッテリーでも技術的に可能であり、（2）水面すれすれであればトラブルで落下しても安全性が高く、（3）レジャーなら騒音はあまり重要ではないからです。

次に、レジャー以外の操縦士付きビジネス用途を考えましょう。リチウムイオンバッテリーの理論限界を考えても、モーターだけのフル電動タイプのマルチコプターで、乗員2人で30分程度飛ぶ機体は実現の可能性があります（**図5-6-3**）。Volocopter社が開発中です[(7)]。この段階で、安全性、静粛性、飛行安定性（風など）、充電時間、運航コストなどの検証が十分なされるべきだと考えられます。

乗員4人以上で長距離飛行が可能となれば、二次交通や地方交通、都市の空飛ぶタクシー用途が現実のものとなり、さらに空飛ぶクルマが普及するでしょう。Uber社は、2018年「Uber Elevate Summit」のイベントにおいて、2023年を目標に空飛ぶクルマの事業を開始することを宣言しました。バッテリーの進化や騒音対策、就航率を上げるためのインフラ整備などが必要になると考えます。

夜間運航には機体のセンサーや制御だけでなく、気象条件のリアルタイム監視や離着陸場の自動誘導設備などインフラのコストを低減する技術が必要になりま

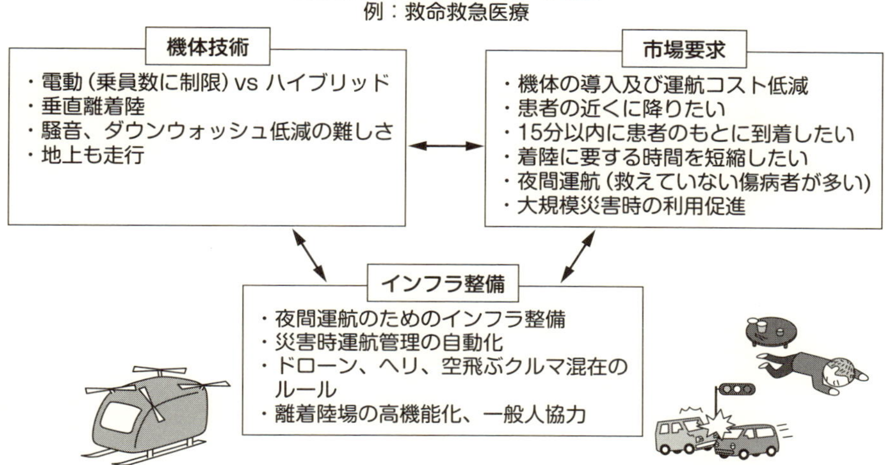

図 5-6-2　空飛ぶクルマを「救命救急医療」で活用するときのシステムデザイン

(1) 市場の要求：ドクターヘリは「もっと患者の近くに降りたい」「着陸に時間がかかる」「夜間運航ができない」という問題を抱えている。また、機体の導入費、および、運航コストがかかり過ぎている。

(2) 機体技術：現在のバッテリー技術では、電動で従来のヘリコプターのように６人乗員は難しい。その場合、運航コストがかかってもハイブリッドにするか、さらに技術が進歩して垂直離着陸だけでなく地上走行できるようになるまで待つか、あるいは医師だけ運ぶ（乗員数を減らす）ことで市場の要求を満たすことの検討が必要。

(3) インフラ整備：市場要求に応えるため、夜間運航のインフラ整備はどうするか、ドローンやヘリコプター、空飛ぶクルマが混在したときのルールはどうするか、離着陸場の高機能化（着陸誘導システム）などを検討する必要がある。

す。公道を走るためには機体を小さくしたまま乗員を増やし、道路運送車両法の衝突安全基準に適応するための重量増加を抑える必要があります。実現はまだ見通せない状況です。

市場性の推定プロセス

日本の企業は海外に比べて、空飛ぶクルマの業界への参入を慎重に検討しているようです。2019 年 11 月現在、コラムでも紹介した有志団体 CARTIVATOR を母体とするベンチャー企業 SkyDrive 社はよく報道されていますが、大企業の積

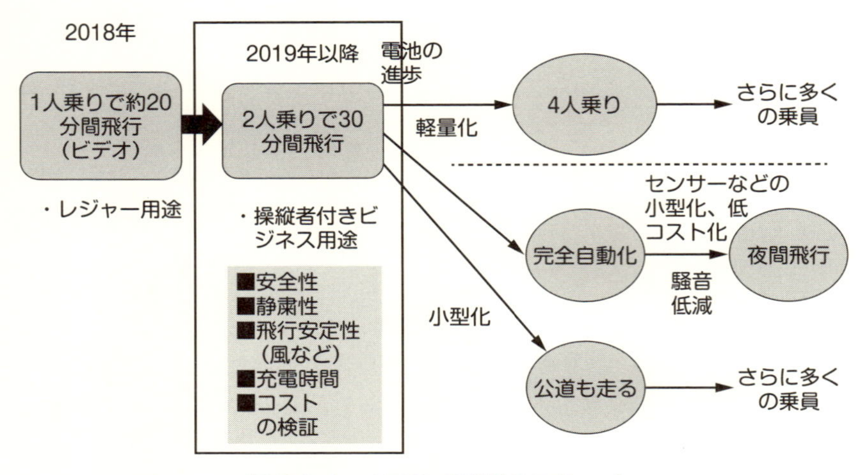

図 5-6-3　eVTOL の実現のステップ

2 人乗りで 30 分間の飛行が現実し、諸々の課題をクリアできれば、開発は一気に進む可能性がある。

極的参加が見られません。「空飛ぶクルマは技術的にドローンの延長だから、まずドローンで利益をあげるのが先決である」と考える会社が多いようです。しかし、第5章3節で述べたように、ドローンと空飛ぶクルマは、用途に基づく機体とインフラの仕様が大きく違います。

実際、日本では技術開発を優先する傾向が強いと思われます（**図 5-6-4**）。空飛ぶクルマで言えば、まず、機体の技術開発を長年かけて行い、その目処が立つとインフラ企業が参入し、その後サービスが提案される、という考え方です。一方、システム思考型で空飛ぶクルマのサービスを企画すると、まず市場調査を行って、機体とインフラの要求仕様を明らかにします。次に、その要求を満たす機体とインフラを設計します。それが技術的に可能なのか、そこで得られる機能や品質が市場で受け入れられるのかという観点から見直し、もう一度、要求仕様を変更するために市場調査をやり直します。空飛ぶクルマラボでは、後者の考えを用いています。

技術指向型サービス企画

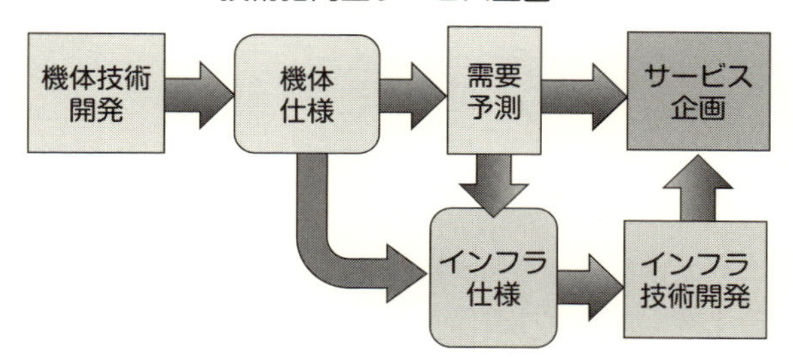

システム思考型サービス企画

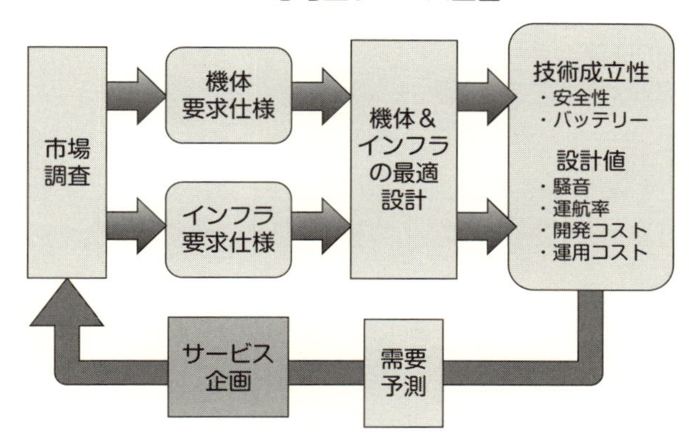

図 5-6-4　市場規模の推定プロセス（技術指向型サービス企画とシステム思考型サービス企画）

日本では技術開発を優先する傾向が強い（上：技術指向型サービス企画）。だが、本来は市場調査から得られた顧客の要求によって、機体とインフラの要求仕様を検討していくべき（下：システム思考型サービス企画）。

ポイント

⊙市場性の推定には、市場要求、機体技術、インフラ整備を全て考慮する必要がある。

⊙eVTOL では、まず 2 人乗りの機体で十分な検証が必要である。

インタビュー

空飛ぶクルマの認証について 企業が知っておきたいこと

東京大学名誉教授　東京大学未来ビジョン研究センター特任教授　**鈴木真二 氏**

空飛ぶクルマの利便性を活用できる社会を実現するためには、社会に受け入れられる安全性を保証することが不可欠です。日本は三菱スペースジェット開発で培った経験をどのように応用できるでしょうか。

安全基準や制度設計をつくる

2019年6月、国交省と経産省は「無人航空機（ドローン）の目視外及び第三者上空等での飛行に関する検討会」の取りまとめを発表しました。2022年を目標に、有人地帯での目視外飛行をしていくための安全性確保を含めた制度検討を始めています。

空飛ぶクルマの場合は、まず「航空機かどうか」「通常の航空機とは違うカテゴリーを設計しなければならないのか」から議論していくことになります。どんな基準や制度を作れば安全性を証明できるかを検討するためには、海外で議論されているルール作りに自分たちも入っていく必要があります。記載されている文章の行間の読み方やノウハウを獲得するには議論の段階から参加することが大切だからです。

絶対の安全性を担保するということ

航空機の基本は、重要な部品は「one fail operative（1つ故障が発生しても機能が継続できる）、two fail safe（2つ故障が発生しても、安全性を維持できる）」が求められます。空飛ぶクルマでも、その点は求められるでしょう。航空機を形作る200万点近い部品について、認証では主に「この部品が壊れたとき、安全性にどのような影響を及ぼすか」「その安全をどんな内容で証明すればいいか」などを検証していきます。例えば、「計算機のCPUが暴走したり、フリーズしたりするかもしれない。そのときにバックアップのコンピュータが起動した場合、どのように機能し始めるか、それをどんなデータで証明すればいいか」などを検討します。機械的な部品は摩耗していくので、時間が経つにつれて壊れていきますが、コンピュータはいきなり壊れてしまうからです。

機械部品に関しては故障確率が必要で、しかも構成されている部品がその種類ごとに同じ特性を持っていなければなりません。部品によって故障性能やその確率にばらつきがあると安全性を保障できないからです。そのためには、どれくらいの品質で作られているかの評価基準が必要です。それらを部品ごと、システムごと、プロセスごと、ケースごとに検証し証明していきます。

日本は三菱スペースジェットの認証のために経験を積み重ねました。しかし、空飛ぶクルマのバッテリーやモーターは現状の飛行機では使われていません。経験を応用していかなければなりません。

ドイツのVolocopter社では、2017年、ドバイでVolocopter2Xの試験飛行をしました。2019年はシンガポールでも飛行試験をしました。「実際の飛行中にどんなことが起こるか」「気象状況によって飛べるか」などを含めて、数か月のデータを取得します。それらのデータが発表されれば日本での認証時、参考にできるでしょう。

日本が空飛ぶクルマに参入する意義

日本はいままで自動車産業で世界をリードしてきました。しかし、いまでは他の国でも自動車を作れるようになりました。今後、日本はより高度なモノづくりを目指していかなければなりません。そういう意味で、航空機は製造業で生き残っていくための次のターゲットになります。航空機は高い信頼性を保証する製品づくりの典型ですから、他の産業でも活かすことができます。ただし、航空機は開発費がかかる割には市場が小さいため、小型の空飛ぶクルマこそ、挑むべき分野の一つでしょう。

現在、海外企業が主導権を取っているように見えますが、まだスタートしたばかりです。ロードマップのように、官民一丸となって取り組めば、日本の強みを生かせる形で世界に追いつけるでしょう。いままでの飛行機やヘリにはない新たな魅力があるので、もっと多くの人に自由に空を移動できる手段を提供できる面で期待しています。一方、海外の機体を早期に導入し、利用技術で世界に先行することも重要です。離着陸場や運航システムなど日本の強みを発揮できる分野もあるからです。

鈴木真二（すずき・しんじ）
1977年東京大学工学部航空学科卒、1979年株式会社豊田中央研究所入所、1986年東京大学博士号取得（工学博士）、1996年同大学大学院工学系研究科航空宇宙工学専攻教授、2019年から現職。このほか日本UAS産業振興協議会（JUIDA）理事長、国際航空科学連盟（ICAS）会長、福島ロボットテストフィールド所長、日本航空宇宙学会第43期会長など。「空の移動革命に向けた官民協議会」構成員。

あとがき

2018年3月、慶應義塾大学は、三田キャンパスにおいておそらく国内初めての「空飛ぶクルマ」に関するシンポジウムを行いました。「空飛ぶクルマ」が認知され始めたころで、ドローンの関係者を中心に約100名が聴講しただけでした。その後、2018年8月末官民協議会が開かれたことによって、空飛ぶクルマは一気にマスメディアの注目を集めました。2018年11月末に東京ビッグサイトの国際航空宇宙展において、JAXAが主導する航空機電動化（ECLAIR）コンソーシアムと共催で2回目のシンポジウムを行いました。この時は、航空宇宙に関心のある約600名の聴講者がありました。それから約1年経過した2019年10月、東京モーターショーで同じくECLAIRコンソーシアムと共催で3回目のシンポジウムを行いました。モーターショーでは、業界関係者以外の多くの皆様にも関心を持ってもらうことができました。このように、年々「空飛ぶクルマ」への関心が高まっていることを実感しています。

官民協議会が開かれた際に、私はその構成メンバーになったため、地方公共団体など多くの方々から講演の依頼を受けるようになりました。依頼された内容から察すると、皆さんが「空飛ぶクルマは本当に実現するのか？ もし実現するとすればどのような社会になるのか？」について関心があると思います。そこで、本書では、技術的な面で実現可能性を理解していただくことと、用途やインフラ、すなわち社会がどう変わる可能性があるかについて紹介しました。

第1章では、「空飛ぶクルマ」の定義を紹介した後、その実現のために包括的なシステムデザインが必要性であることを説明し、システムデザインの基本を解説しました。空飛ぶクルマ研究ラボは、いわゆる理系メンバーだけでなく、経済学や法学など多様なメンバーで構成されています。また、留学生も多数参加しています。このような多様な研究環境がシステムデザインには必要だと考えます。第

2章では、「空飛ぶクルマが実現したら、どのような社会が訪れるのか」についてのイメージを持っていただくために、用途と、その背景にある社会における課題を紹介しました。渋滞の多い大都市での利用から、離島交通や救命救急医療など少子高齢化の進む地方での利用まで、移動問題と空飛ぶクルマの用途を幅広く解説しました。一般の読者にも、そして地方公共団体の方々にも参考にしていただけたのではないかと思います。第3章では、バッテリー性能、安全性、騒音など、皆さんがその実現性について疑問に思っておられる点を一つ一つ解説しました。第4章では、多くの企業の方々が事業としてもっとも関心があると思われるインフラとサービスについて解説しました。離着陸場、運航管理、法令、保険など、この業界に参入しようと思われている企業の方々を対象に執筆しています。第5章は、第2章から第4章をまとめ、再びシステムデザインの観点から課題を紹介しました。「空飛ぶクルマ」の実現性とその先の社会システムのイメージを持っていただけたでしょうか。ただ残念なことに、紙幅と研究途上であるという理由で、研究ラボの研究成果を詳しく説明していません。特にユースケース毎に統合的なシステムデザインから得られるビジネスモデルについて割愛しています。

本書は、慶應義塾大学大学院システムデザイン・マメネジメント研究科附属システムデザイン・マメネジメント研究所空飛ぶクルマ研究ラボのメンバーによって書かれたものです。ラボを通して得た知見や知識を、著者4名がまとめました。ラボに参加する教員、研究員、学生すべてに感謝したいと思います。その中で、海野浩三君は、デロイトトーマツコンサルティング合同会社に勤めながら空飛ぶクルマ研究ラボに社会人学生と参加し、本書の制作でも著者に匹敵する貢献をしてくれました。田中結美君、留学生の Ms. Pawnlada Payuhavorakulchai と Mr. Julio Budiman は、在学中、本書につながる重要な研究を行ってくれました。

その他に特に大きな示唆をいただいた方々には、コラム執筆時にインタビューをさせていただきました。コラムでお名前を載せることができなかった方々として、株式会社 SkyDrive 福澤知浩氏、朝日航洋株式会社横田英己氏、同社渡部俊氏、国際航業株式会社村木広和氏、株式会社 JALUX 永井佑氏、デロイトトーマツコンサルティング合同会社伊藤寛氏など空飛ぶクルマ研究ラボが主催する研究会のメンバーに多大な協力を得たことを感謝いたします。日本医科大学千葉北総病院救命救急センター本村友一医師、宇宙航空研究開発機構（JAXA）西沢啓氏、田辺安忠氏、奥野善則氏、又吉直樹氏、原田賢哉氏ほか、航空機電動化（ECLAIR）コンソーシアム事務局の方々、東京大学大学院土屋武司教授や米国パデュー大学 William Crossley 教授にも研究に際して多くのコメントをいただきました。また、有志連合 CARTIVATOR の皆様、経産省や国交省、北海道から沖縄まで全国のドクターヘリ基地病院関係の方々、北海道や鳥取県など都道府県庁や夕張市や竹富町などの市町村役場、大和自動車交通株式会社小山哲男氏、平岸ハイヤー株式会社神代晃嗣氏、交通・その他の様々な企業など多くの皆様と議論を行い、有益な情報や示唆をたくさんいただきました。

その他にもあまりに多くの方々の協力を得たために、この紙面の制約の中ですべてのお名前を挙げることができないことが残念です。皆様にこの場を借りて深く感謝します。本書は、日刊工業新聞社書籍編集部の原田英典氏のお勧めによって書かれたものです。この勧めがなければ、この本が世に出ることはなかったでしょう。厚く感謝します。同編集部の岡野晋弥氏も丁寧な編集作業をしてくださり有難うございます。

空飛ぶクルマは、2019 年 10 月現在世界中で開発途上であり、第 1 章で述べたようにドミナントデザインは明らかではありません。これまでこのテーマでまだ技術を説明する適切な書籍がないとすれば、このテーマに取り組むには早すぎて、理解不足を非難されるリスクをある程度覚悟する必要があるからでしょう。1990 年代のバブル崩壊後、経済活動は長く停滞しており、「空飛ぶクルマ」のような新しい事業分野に踏み出すために、社内調査に明け暮れて意思決定の時期を失いかねない企業例が散見されます。本書は、敢えてリスクを冒して、現状知られていることと我々が研究していることの一部を執筆しています。少しでも日本のイノベーションの後押しになったら幸せと思うところです。

2019 年 11 月
中野　冠

参考文献

＊ホームページの最終確認はすべて2019年11月末時点

第1章

（1）奥津智貴（2014），“オンデマンド航空サービスのシステムデザイン”，慶應義塾大学大学院システムデザイン・マネジメント研究科2014年3月修士論文

（2）Italdesign（2018），Project:Pop. Up Next，〈https://www.italdesign.it/project/pop-up-next/〉

（3）日本経済新聞社（1990），“Is It a Bird? Is It a Car?”，The Financial Times, Vol. 31070, p. 13

（4）日本経済新聞社（1997），“空飛ぶクルマ”を開発”，日本経済新聞地方経済面，1997年10月4日，p.7

（5）三橋清通，小林修（2003），“ミラクルビークル概要”，日本航空宇宙学会誌第51巻590号，pp.85-90

（6）Umesh N.Gandhi, Robert W.Roe（2014），“Stackable Wing for an Aerocar”，US Patent No. US9580167B2

（7）鈴木真二監修，（一社）日本UAS産業振興協議会編（2016），“トコトンやさしいドローンの本”，日刊工業新聞社

（8）Volocopter，〈https://www.volocopter.com/de/〉

（9）日経BP（2019），“Volocopter flight”〈https://www.youtube.com/watch?v=nUfThAdjgxo〉

（10）NASA（2018），“Urban Air Mobility（UAM）Market Study”，〈http://www.deseretuas.org/Portals/DeseretUAS/Images/Crown%20UAM%20Study%202018.pdf〉

（11）NASA（2018），“Executive Briefing– Urban Air Mobility（UAM）Market Study”，〈https://www.nasa.gov/sites/default/files/atoms/files/bah_uam_executive_briefing_181005_tagged.pdf〉

（12）Uber Technologies Inc.（2016），“Uber Elevate Whitepaper”，〈https://evtol.news/wp-content/uploads/2019/02/UberElevateWhitePaperOct2016.pdf〉

（13）James M. Utterback, Fernando F. Suarez（1993），“Innovation, Competition, and Industry Structure”，Research Policy, Vol. 22, pp.1-21

（14）Fernando F.Suarez, Stine Grodal, Aleksisos Gotsopoulos（2015），“Perfect Timing? Dominant Design, and the Window of Opportunity for Firm Entry” Strategic Management Journal, Vol. 36, pp.437-448

（15）Keita Ishizaki, Masaru Nakano（2018），“Forecasting Life Cycle CO2 Emissions of Electrified Vehicles by 2030 Considering Japan's Energy Mix”，International Journal of Automation Technology, Vol.12, No.6, pp.806-813

（16）慶應義塾大学大学院システムデザイン・マネジメント研究科編（2016），“システムデザイン・マネジメントとは何か”，慶應義塾大学出版会

（17）中野冠，湊宣明（2012），“経営工学のためのシステムズアプローチ”，講談社

(18) Reinhard Haberfellner, Olivier De Weck, Ernst Fricke (2019), "Systems Engineering: Fundamentals and Applications", Birkhaeuser; 1st ed.
(19) The Brundtland Report (1987), "World Commission on Environment and Development: Our Common Future", Oxford, Former Prime Minister of Norway
(20) German Parliament (1998), "Closing Report of the Enquete-Kommission", 13/11200, Berlin

第2章

(1) United Nations (2018), "Department of Economic and Social Affairs, File21:Annual Percentage of Population at Mid-Year Residing in Urban Areas by Region, Subregion and Country, 1950-2050", World Urbanization Prospects, 〈https://population.un.org/wup/Download/〉
(2) Julio Budiman (2019), "Design of the Numbers of Vertiports and Air Taxis for Business Realization of On-Demand Air Mobility in Tokyo", 慶應義塾大学大学院システムデザイン・マネジメント研究科2019年9月修士論文
(3) 気象庁, "日本付近で発生した主な被害地震", 〈http://www.data.jma.go.jp/svd/eqev/data/higai/higai1996-new.html〉
(4) 経済産業省 製造産業局 (2019), "製造業を巡る現状と政策課題〜Connected Industriesの深化〜", 〈https://www.meti.go.jp/shingikai/mono_info_service/air_mobility/pdf/001_s01_00.pdf〉
(5) 国土交通省 (2014), "東日本大震災における 空港を利用した活動状況と課題", 〈http://www.mlit.go.jp/common/001062705.pdf〉
(6) 本村友一, 松本 尚, 益子 邦洋 (2011), "東日本大震災における福島県立医大での複数ヘリ統制ミッション", 日医大医会, Vol.7, Suppl.1, pp. S62-S66
(7) 株式会社ウェザーニューズ (2018), "国内全ドクターヘリが動態管理システムを導入〜ドローンを含む多様な機体位置のリアルタイムな一元管理の実現へ", ニュース2018年6月7日, 〈https://jp.weathernews.com/news/23522/〉
(8) 認定NPO法人救急ヘリ病院ネットワーク (HEM-Net) (2017), "大規模災害時におけるドクターヘリ運用体制の構築と連携協力", pp. 53-56 〈http://www.hemnet.jp/databank/file/symposium2017_3.pdf〉
(9) 国土交通省・総務省共同調査 (2016), "平成27年度過疎地域等の条件不利地域における集落の現況把握調査報告書", 〈http://www.mlit.go.jp/common/001145930.pdf〉
(10) JR北海道 (2016), "当社単独では維持することが困難な線区について", 〈https://www.jrhokkaido.co.jp/pdf/161215-5.pdf〉
(11) 北海道旅客鉄道㈱ (2019), "JR北海道グループ　平成30年度決算", 〈https://www.jrhokkaido.co.jp/corporate/mi/kessangaikyou/30kessan.pdf〉
(12) 北海道庁 (2018), "北海道舗装長寿命化修繕計画", 〈http://www.pref.hokkaido.lg.jp/kn/ddr/7-2_hosou.pdf〉
(13) 認定NPO法人救急ヘリ病院ネットワーク (HEM-Net) (2015), "ドクターヘリ運航費用の負担の多様化に関する有識者懇談会報告書", 〈http://www.hemnet.jp/databank/file/160324.pdf?fbclid=IwAR2R5sh324HycylIuypLi7zxLjhq0kg2cwpddife1noQOjtMC5kf7SpbwCw〉

(14) 厚生労働省 (2018), “ドクターヘリの現状と課題について”, 第8回救急・災害医療提供体制等の在り方に関する検討会, 〈https://www.mhlw.go.jp/content/10802000/000360981.pdf〉
(15) 認定NPO法人救急ヘリ病院ネットワーク (HEM-Net), “ドクターヘリ配備地域”〈http://www.hemnet.jp/where/?fbclid=IwAR1rmcTM0lMq_v7x4ZTajL5rfVOe-AawG2L2Oc1Q0TCMl4eq7etITy9OEuY〉
(16) 猪口貞樹 (2018), “ドクターヘリの課題に関する研究”, 第8回救急・災害医療提供体制等の在り方に関する検討会, 〈https://www.mhlw.go.jp/content/10802000/000360983.pdf〉
(17) 小濱啓次, 杉山貢, 西川渉, 日本航空医療学会監修 (2007), “ドクターヘリ導入と運用のガイドブック”, メディカルサイエンス社
(18) 経済産業省 (2015)”, ヘリコプター操縦士の養成・確保に関する関係省庁連絡会議 とりまとめ”, 〈https://www.mhlw.go.jp/file/06-Seisakujouhou-10800000-Iseikyoku/0000091897.pdf〉
(19) 地域医療振興協会, “地域医療振興協会の概要, へき地・離島等への医療支援, 派遣実績”, 〈https://hikarigaoka-jadecom.jp/about/jadecom.html〉
(20) 国土交通省 (2018), “航空輸送統計調査 国内定期航空空港間旅客流動表 (暦年) 統計表9”, 〈https://www.e-stat.go.jp/stat-search/files?page=1&layout=dataset&toukei=00600360〉
(21) 第16回国土審議会離島振興対策分科会資料 (2018), “平成29年度に離島の振興に関して講じた施策”〈www.mlit.go.jp/common/001249592.pdf〉
(22) 竹富町役場, 〈https://www.town.taketomi.lg.jp/〉
(23) 国土交通省 (2019), “海事レポート2019”, 〈http://www.mlit.go.jp/maritime/maritime_tk1_000083.html〉

第3章

(1) The Global Aviation Industry (2013), “Reducing Emissions from Aviation through Carbon-Neutral Growth from 2020”, Workingpaper Developed For the 38th ICAO Assembly
(2) 国立研究開発法人 新エネルギー・産業技術総合開発機構 (2018), “二次電池技術開発ロードマップ”〈https://www.nedo.go.jp/library/battery_rm.html?fbclid=IwAR3cupoY9GvDpUV5ivfS6ULDuQXhB40wVDAI1hxmuT34JnOjlcVmn_Qcljs〉
(3) 航空機電動化 (ECLAIR) コンソーシアム (2018), “航空機電動化 将来ビジョン Ver.1”, 〈http://www.aero.jaxa.jp/about/hub/eclair/〉
(4) 東レ㈱, “そもそも炭素繊維って?”, 〈http://www.torayca.com/aboutus/abo_001.html?fbclid=IwAR2RLGOymvOXlqs6kV1_169ZhBl58wLjYoWBiIk4R7OETPSFJ0GInJc2318〉
(5) 山川榮一, 齊藤茂 (2000), “ヘリコプタの騒音”, 日本航空宇宙学会誌48 (555号), pp. 280-288
(6) John M. Seddon, Simon Newman (2011), “Basic Helicopter Aerodynamics”, Wiley, p.59
(7) An AOPA Air Safety Foundation Publication (2009), “Nall Report”〈https://www.aopa.org/-/media/files/aopa/home/training-and-safety/nall-report/09nall.pdf〉
(8) Ken Goodrich, Mark Moore (2015), “Simplified Vehicle Operations Roadmap”, 〈http://www.nianet.org/ODM/odm/docs/Industry%20forum%20OSH%20Ease%20of%20Use%20

and%20Safety%20Pathway%202015.pdf〉

第４章

（１）国土交通省，“日本の空の概要”，〈https://www.mlit.go.jp/koku/15_bf_000340.html〉
（２）PlaneCrashInfo. com, “Causes of Fatal Accidents by Decade”〈http://www.planecrashinfo.com/cause.htm〉
（３）国土交通省航空局安全部（2018），“無人航空機の目視外飛行に関する要件”，国土交通省報道発表資料，〈https://www.mlit.go.jp/report/press/kouku01_hh_000087.html〉
（４）国土交通省，“無人航空機の飛行の許可が必要となる空域について”，〈http://www.mlit.go.jp/koku/koku_fr10_000041.html〉
（５）JAXA，“無人機運航技術（ドローン運航管理システムの研究開発）”，〈http://www.aero.jaxa.jp/research/star/uas/uas-safety/〉
（６）国立研究開発法人新エネルギー・産業技術総合開発機（NEDO），“運航管理システムの全体設計に関する研究開発”，〈https://nedo-dress.jp/introduction/introduction_2_1_9〉
（７）NASA, “UAS Traffic Management（UTM）Project”,〈https://www.nasa.gov/aeroresearch/programs/aosp/utm〉
（８）SESAR, “European ATM Master Plan: Roadmap for the Safe Integration of Drones into All Classes of Airspace”,〈https://www.sesarju.eu/sites/default/files/documents/reports/European%20ATM%20Master%20Plan%20Drone%20roadmap.pdf〉
（９）経済産業省 製造産業局 産業機械課（2017），“UTM（UAS Traffic Management）の国際動向）”，〈http://www.mlit.go.jp/common/001172560.pdf〉
（10）NASA（2018）, “Urban Air Mobility（UAM）Market Study”,〈http://www.deseretuas.org/Portals/DeseretUAS/Images/Crown%20UAM%20Study%202018.pdf〉
（11）Kakan Chandra Dey, Anjan Rayamajhi, Parth Bhavsar, Mashrur Chowdhury, James Martin（2016）, “Vehicle-to-Vehicle（V2V）and Vehicle-to-Infrastructure（V2I）Communication in a Heterogeneous Wireless Network-Performance Evaluation”, Transportation Research Part C: Emerging Technologies, Volume 68, pp. 168-184
（12）日本航空，“通信装置 航空実用事典”，〈http://www.jal.com/ja/jiten/dict/p192.html?fbclid=IwAR1XMQ1Y1V1cZCsv-jzDGATXWm71Eo5N_jp_m_pxVqWV7XlakZkeYE50xaM#01〉
（13）三浦龍（2019），“ドローンにおける電波利用技術”，日本機械学会誌，Vol.122（1207），pp.12-13
（14）日本航空広報部（1997），“航空実用事典―航空技術・営業用語辞典兼用（改訂新版）”，朝日ソノラマ
（15）Uber Technologies Inc.（2016）, “Fast-Forwarding to a Future of On-Demand Urban Air Transportation”, Uber,〈https://www.uber.com/elevate.pdf〉
（16）Nissan Motor Corporation（2019）, “「日産リーフe+」を追加”,〈https://global.nissannews.com/ja-JP/releases/190109-00-j?source=nng&lang=ja-JP〉
（17）Volocopter（2019）, “Pioneering the Urban Air Taxi Revolution”,〈https://press.volocopter.com/images/pdf/Volocopter-WhitePaper-1-0.pdf〉
（18）Battery University, “BU-205: Types of Lithium-ion”〈https://batteryuniversity.com/learn/article/types_of_lithium_ion〉

(19) 一般社団法人全航連ドクターヘリ分科会（2018），“ドクターヘリ夜間運航の課題”，第8回救急・災害医療提供体制等の在り方に関する検討会資料，〈https://www.mhlw.go.jp/stf/newpage_01654.html〉
(20) 認定NPO法人救急ヘリ病院ネットワーク（HEM-Net）（2005），“わが国ヘリコプター救急の進展に向けて”，〈http://business3.plala.or.jp/hem-net/teigen.html〉
(21) 認定NPO法人救急ヘリ病院ネットワーク（HEM-Net）（2018），“欧州ヘリコプター救急の現状と飛行安全策”，〈http://www.hemnet.jp/databank/file/180907.pdf〉
(22) Chris Cooper（2016），“世界最多を誇る東京の屋上ヘリポート，ほとんど利用されない理由とは ”，Bloomberg，〈https://www.bloomberg.co.jp/news/articles/2016-05-20/O7GKK36JIJUU01〉，2016年5月20日
(23) 川崎市（2018），“消防用設備等の設置に関する取扱い等について　13緊急離着陸場等の設置指導指針”，〈http://www.city.kawasaki.jp/kurashi/category/15-13-1-1-18-0-0-0-0-0.html〉
(24) Volocopter, “Technical Features”, 〈https://www.volocopter.com/en/product/〉
(25) 東京消防庁予防部予防課（2017），“東京消防庁からのお知らせ 第22回緊急離発着場・緊急救助用スペース”，〈http://coretokyoweb.jp/?page=article&id=445&fbclid=IwAR188qhhNFB4vX5vJ5nsYMJxh_2XyMZGe55j01XWaWRLIFYhK04MQlgQinY〉
(26) 田中結美（2019），“市民協働によるドクターヘリ着陸援助を可能にするパイロットとの視覚的コミュニケーションプロセスの設計と検証”，慶應義塾大学システムデザイン・マネジメント研究科2019年3月修士論文
(27) 東京海上日動火災保険（2019），“空飛ぶクルマ”を開発中の企業に保険を提供開始　～実用化に向けた最先端の研究開発を支援する取組み～”，2018年度ニュースリリース，〈https://www.tokiomarine-nichido.co.jp/company/release/2018tmnf.html〉
(28) Porsche Consulting（2018），“At a Glance”, The Future of Vertical Mobility Sizing the Market for Passenger, Inspection, and Goods Services until 2035, p.3 〈https://fedotov.co/wp-content/uploads/2018/03/Future-of-Vertical-Mobility.pdf〉
(29) オリックス（2019），“オリックスにおける航空機リース事業戦略”，〈https://www.orix.co.jp/grp/pdf/company/ir/calender/Presentation_190305J.pdf〉
(30) 一般社団法人日本自動車整備振興会連合会，“平成30年度 自動車分解整備業実態調査結果の概要について”，〈https://www.jaspa.or.jp/member/data/whitepaper.html〉，p.1/5

第5章

(1) EASA（2019），“Special Condition for Small-Category VTOL Aircraft”, Doc. No: SC-VTOL-01, Issue: 1 〈https://oliver-dev.s3.amazonaws.com/2019/07/04/06/55/15/302/EASA%20Press%20Release.pdf〉
(2) 経済産業省（2018），“空の移動革命に向けたロードマップ”，〈https://www.meti.go.jp/press/2018/12/20181220007/20181220007_01.pdf〉
(3) U.S.Department of Transportation Federal Highway Administration（2007），“Systems Engineering for Intelligent Transportation Systems”
(4) Uber Technologies Inc.（2018），“Uber，ロサンゼルスで開催された第2回 Elevate Summitにおいて新たなパートナーシップとコンセプト機を発表”，Uber News Room，〈https://www.uber.com/ja-JP/newsroom/elevate-summit-2018-partnership/?fbclid=IwAR3cR34bAMQhsn1EgcNmHAXPGUgkIsgwKvxg3156nL2TXNULr2ZOywmt71k〉

監修者紹介

中野　冠（なかの・まさる）
博士　（工学）
1978 年　京都大学工学部数理工学科　卒業
1980 年　京都大学大学院工学研究科数理工学専攻　修了
1980 年　株式会社豊田中央研究所入社
1997 年　名古屋工業大学工学研究科生産システム工学専攻　後期博士課程修了（在職）
2008 年　慶應義塾大学大学院システムデザイン・マネジメント研究科　教授現在に至る
2013 年　スイス連邦工科大学　Department of Management, Technology and Economics 訪問教授
著書（共著を含む）:『経営工学のためのシステムズアプローチ』（講談社）『いま世界ではトヨタ生産方式がどのように進化しているのか！』（日刊工業新聞社）『システムデザイン・マネジメントとは何か』（慶應義塾大学出版会）
「空の移動革命に向けた官民協議会」構成員

執筆者紹介（五十音順）

中村　翼（なかむら・つばさ）
慶應義塾大学大学院システムデザイン・マネジメント研究科　特任助教、有志団体 CARTIVATOR 共同代表。「空の移動革命に向けた官民協議会」構成員

中本亜紀（なかもと・あき）
慶應義塾大学大学院システムデザイン・マネジメント研究科　特任助教

福原麻希（ふくはら・まき）
慶應義塾大学大学院システムデザイン・マネジメント研究科附属システムデザイン・マネジメント研究所研究員、ジャーナリスト

三原裕介（みはら・ゆうすけ）
慶應義塾大学大学院システムデザイン・マネジメント研究科　研究奨励助教

空飛ぶクルマのしくみ
技術×サービスのシステムデザインが導く移動革命

NDC 538.09

2019 年 12 月 20 日　初版 1 刷発行　（定価は、カバーに表示してあります）

監 修 者　中　野　冠
©著　者　空飛ぶクルマ研究ラボ
発 行 者　井　水　治　博
発 行 所　日 刊 工 業 新 聞 社
東京都中央区日本橋小網町 14-1
（郵便番号　103-8548）
電　話　書籍編集部　03-5644-7490
販売・管理部　03-5644-7410
ＦＡＸ　03-5644-7400
振替口座　00190-2-186076
URL　http://pub.nikkan.co.jp/
e-mail　info @ media.nikkan.co.jp

印刷・製本　美研プリンティング㈱

落丁・乱丁本はお取り替えいたします。　2019 Printed in Japan
ISBN978-4-526-08024-1